湘味

高等职业学校
烹调工艺与营养专业教材
高等职业学校烹调工艺与营养专业教材

湖湘特色食材

HUXIANG SPECIAL FOOD INGREDIENTS

盛金朋　肖　冰 / 主编

中国轻工业出版社

图书在版编目（CIP）数据

湖湘特色食材 / 盛金朋，肖冰主编. —北京：中国轻工业出版社，2025.8

高等职业学校烹调工艺与营养专业教材

ISBN 978-7-5184-2594-5

Ⅰ. ① 湖… Ⅱ. ① 盛… ② 肖… Ⅲ. ① 烹饪 – 原料 – 高等职业教育 – 教材 Ⅳ. ① TS972.111

中国版本图书馆CIP数据核字（2019）第167924号

责任编辑：史祖福　贺晓琴　　责任终审：劳国强　　设计制作：锋尚设计

策划编辑：史祖福　　责任校对：吴大朋　　责任监印：张京华

出版发行：中国轻工业出版社（北京鲁谷东街5号，邮编：100040）

印　　刷：艺堂印刷（天津）有限公司

经　　销：各地新华书店

版　　次：2025年8月第1版第2次印刷

开　　本：787 × 1092　1/16　印张：13.5

字　　数：302千字　　插页：1

书　　号：ISBN 978-7-5184-2594-5　定价：49.00元

邮购电话：010-85119873

发行电话：010-85119832　010-85119912

网　　址：http://www.chlip.com.cn

Email：club@chlip.com.cn

251289J2C102ZBW

序言

历史与自然眷顾湖湘大地，因此给湖湘饮食留下了太多的历史人文与自然物产。

在湖南永州道县玉蟾岩遗址中发现了距今已有1.2万～1.4万年历史稻谷，在湖南澧县彭头山等发现了距今8000年的人工栽培稻，这些考古充分证明了湖南地区是我国稻作文明最早的发源地。

在战国时期，爱国诗人屈原被贬逐于湖南境内的湘江流域，正是在此地，屈原完成了《楚辞·招魂》和《楚辞·大招》两篇不朽之作，这些作品不仅在中国文学史上获得了极高的赞誉，然而，也留下了湘人最初的饮食记忆，文中大量的描绘了湘人如何祈天地、礼鬼神、祭先祖、宴宾客的民风民俗，并详细的列举了当时湘人上流社会的饮宴情况，罗列出的各种肴馔组合正是我国历史上最早的宴席菜单。

在《吕氏春秋·本味篇》中就已经有“云梦之芹”“洞庭之鲋”“醴水之鳖”等湖湘食材的记载，这说明在当时，这些湘菜中常见的食材就已经具有一定的社会影响力与知名度。

在西汉时期，长沙成为了封建王朝政治、经济和文化较集中的一个主要城市，该地域物产丰富，经济发达，烹饪技术已发展到一定的水平，严格来讲，从西汉开始，湘菜就已经从“楚国”的饮食区域中真正的脱离出来，并开始逐步形成了具有鲜明特征的湖湘饮食。

在湘菜文化界，最具震撼力与影响力的当属1972年至1974年间出土的长沙马王堆汉墓。在马王堆三号汉墓中出土的一批帛书和简书当中，有一半的文字是关于食物、养生与医学的记载。在马王堆一号汉墓中出土了312枚遣策，其中记载了近150种食物，10余种烹调方法及橘皮、花椒、姜、豆豉、葱等湘菜中常用的调味料，在这些记载中，关于菜肴品种就多达77款。1999年5月出土的沅陵县虎溪山一号汉墓（墓主人为长沙王吴臣之子、汉初所封沅陵侯吴阳）中，又发掘出千余支竹简，共计3万余字，其中的文字内容有三分之一是记载湖湘饮食的，共收录了148份饭菜谱、有近百种美馔佳肴，仅羹品就有30余种。因此，这些竹简被后人命名为《美食方》。

唐代，湖湘大地成为了文人墨客“不到潇湘岂有诗”的精神圣地，在宋代、元代、明代时期，随着湘菜饮食行业的兴起，湘菜行业发展迈入了黄金时代。清代、民国时期，湘菜随着湘军的兴起，使湖湘饮食迎来了全盛时期。现如今，人们更愿意将湖南菜称之为“湘菜”，因为湘菜成为当今国内最受欢迎的地方风味菜之一，甚至有人讲，在中国只要有餐饮的地方，就有湘菜馆。

回顾湘菜的发展历史，我们发现，在岁月长河中，湘菜一路前行，历经了平淡、起伏，变革与沉淀，至今，湘菜依然熠熠生辉，光耀照人。探其原因，可能是湘菜的这种热烈、刺激的味觉特点早已与湘人骨头里的不畏艰难、勇往直前、敢为人先、豪放不羁的精神性格相融合，这说明了湘菜不仅停留在湘人的舌尖，也烙在了湘人的心里，不论湘人到何地，湘菜始终是湘人心中无法忘却的乡愁。

湘菜到底有什么魅力，能让消费者如此青睐？我想，无外乎是湘菜味道具有的强大的味蕾征服力，湘菜讲究入味，尤重酸辣、咸香、清香、浓鲜，让人吃前，垂涎三尺，食欲大开，食后，回味悠长，流连忘返。

湘菜相对于其他地方菜，其最大特色是什么？仍为“辣”“腊”二字。饮食界泰斗聂凤乔先生曾精辟地讲出，湖南的厨师擅长驾驭酸辣，根据市肆、筵宴服务对象、地域、季节、菜式等诸多因素，能使酸辣分清浓层次，使它们恰到好处，湖南厨师善于掌握辣椒“盖味而不抢味”的特性，在辣味的掩盖下品尝百味。开放的辣与收敛的酸相互制约、相互协调，成为湖湘人民获取养生保健的一种方式，这就是酸辣风味的科学解释，也就是湖湘饮食文化的内涵之一。

弘扬湖湘饮食文化，传承湘菜传统技艺，离不开湘菜职业教育。1974年，湖南省株洲市在省内率先开办了湘菜职业教育，创办了株洲市饮食技工学校（湖南省商业技师学院原名），这里成为了我省湘菜职业教育的发源地，湖南省商业技师学院历经45年的积累沉淀，通过几代教职工数年如一日的严谨治学、辛勤耕耘，学校在湘菜职业教育领域中取得了丰硕的成果，培育了数以万计的湘菜高技能人才，被行业誉为“湘菜教育的黄埔军校”“烹饪大师的摇篮”。

湘菜文化源远流长，但是很多优秀的湘菜文化还一直缺乏系统的挖掘与整理，喜闻湖南省商业技师学院从2017年开始组织人员，精心编写一整套“湘菜”系列教材，历经两年多时间，众多教师的辛勤付出，《湖湘饮食文化概论》《湖湘特色食材》《湘菜非物质文化遗产概论》《湖南味道》《湘菜烹调一体化教程》《湘菜宴席设计与实务》《湖湘食疗药膳》《湘点一体化教程》等多部书籍问世，这些“湘字”号的饮食文化书籍，不仅填补了湘菜文化领域的空白，而且对系统挖掘、整理、传承、弘扬湖湘饮食文化具有里程碑式的意义，作为老一辈湘菜人，我对此深感欣慰。希望这些研究成果，能成为新一代湘菜人，去深入了解、学习湘菜文化的宝贵资料，也期盼湖南省商业技师学院能不忘初心，一如既往地担负起弘扬湘菜文化、传承湘菜传统技艺的使命，为湘菜产业培养更多更优秀的人才。

是为序。

全国五一劳动奖章获得者
中国烹饪协会副会长
中国湘菜大师
许菊云
2019.6.18.

前言

每一个地方菜都有经典的味道，每一款经典味道的背后肯定离不开特色的食材。

湘菜历史悠久，风味特色浓郁而鲜明，在众多地方菜中独树一帜，深得赞誉。弘扬与传播湘菜文化，既要全面地梳理湘菜的历史文化发展脉络，又要传承与不断创新湘菜的烹饪技艺，还要系统地去挖掘与整理湘菜的烹饪物产——湖湘特色食材。

何为湖湘特色食材？从文字上理解，指的是湖湘本土的、具有浓郁特色的食材与调味品，深入其中发现，湖湘特色食材的内涵不仅仅体现的是食材本身的品质、营养与风味等元素的优越性，更重要的是许多湖湘特色食材的背后还蕴含着丰富的湖湘饮食文化与历史故事，这些特色食材与湖湘民众的食俗、食礼及饮食风味紧密相关，有的湖湘特色食材形成了当地重要的文化品牌标志，在省内外，都具有一定的社会知名度和影响力。

袁枚讲到“物性不良,虽易牙烹之,亦无味也”，说明好的食材是成就美食的最基础的环节。“问渠那得清如许，为有源头活水来”，没有好的湖湘特色食材，湘菜特色的彰显、湘菜菜品的创新、湘菜文化的挖掘自然就显得没有了方向与源头。

《湖湘特色食材》是一本以地方特色食材为主题的书籍，也是湘菜文化领域中第一次对湖湘的特色食材进行了系统收集、整理，将200多个湖湘特色的食材从风味特色、饮食文化、营养、保管方法、上市季节、湘菜应用等方面内容进行归纳与总结。本教材以湖湘特色食材包括植物性食材、动物性食材以及湖湘调料、辅料类特色原料为主分为四大模块，其中细分为十三个项目，二十个任务，以表格的形式将食材逐一列出，配以文字和图片，让湖湘特色食材的知识点更加直观清晰地呈现出来，更加便于师生的阅读与理解。

本教材由湖南省商业技师学院高级讲师盛金朋、讲师肖冰担任主编，并负责制订调研计划、编写计划、方案，主持校内研讨会议，协调内容，编写提纲，最后审稿。本书模块一（项目一、项目二、项目三、项目四）由盛金朋编写；模块一（项目五、项目六）由肖冰编写；模块二（项目一、项目二）由彭军炜编写；模块二（项目三）由周婷编写；模块二（项目四）由方八另编写；模块三（项目一）由陈新欣编写；模块三（项目二）由蔡鲁峰、何彬编写；模块三（项目三）由张拓、王世刚、贺婉歆编写；模块四由赵玉根、温潜编写。盛金朋、肖冰、彭军炜参与本书的审稿工作；张芝参与本书试题的编写工作。

在本书编写过程中，得到烹饪学院湘菜非物质文化传承与研究中心团队的全力配合，也得到湖南省商业技师学院各位领导和同事的大力支持。在此一并致以衷心的感谢！

我校烹饪专业从2012年开设《湖湘饮食文化》这门课程，其中“湖湘特色食材”知识内容是其中一个重要的章节，为了更全面、系统地学习、掌握湖湘特色食材，我们将这部分内容单独编写成书。编写教师均是从事湖湘饮食文化与湘菜实践教学工作，发表过多篇有关湖湘饮食文化的文章，但由于我们团队水平有限，书中难免有疏漏之处，恳请读者予以批评指正！

编　者

2019年9月

目录

模块一 绪论

模块导读

湖湘食材历史悠久、特色鲜明，在《吕氏春秋·本味篇》中就已经有“云梦之芹”“洞庭之鲋”“醴水之鳖”等湖湘食材的记载，这说明在当时，这些湘菜中常见的食材就已经具有一定的社会影响力与知名度，后经发展逐渐成为具有当地特色的食材。而湖湘特色食材广义上指的是湖湘本土的、具有浓郁特色的烹饪原料；狭义上理解为湖湘本土的、具有浓郁特色的食材与调味品。湖湘特色食材到底“特”在什么地方？这是本模块所要讲到的内容。

通过本模块的学习，深入了解湖湘特色食材的内涵、意义、营养成分、品质鉴别方法、贮存等，能够对湖湘大地特色食材有全新认识。

学习目标

1. 了解湖湘特色食材的概念
2. 熟悉湖湘特色食材研究的内容、意义与学习方法
3. 掌握湖湘特色食材分类意义及营养成分
4. 掌握烹饪原料品质鉴别方法
5. 掌握保管烹饪原料的常用方法

学习准备

湘菜历史悠久，风味特色浓郁而鲜明，在众多地方菜中独树一帜，深得赞誉。湖湘特色食材对湘菜的发展起到了关键性作用，学生们可能了解湘菜，但对湖湘食材了解较少。需要通过网络或书本了解湖湘特色食材的特色、营养价值、鉴别方法、贮存方法等；各位同学来自不同地方，需对各自地方的特色食材进行考察学习，相互交流，便于在学习中能够灵活运用。

项目一

湖湘特色食材概论

一、湖湘特色食材的概念

烹饪原料是指可供烹饪加工应用的具有一定食用价值的物质材料，食材是指制作菜肴时所使用的食物原料，从烹饪理论层面来讲，用来制作各种菜点的原材料统称为“烹饪原料”，而对于餐饮行业、企业及家庭而言，将制作菜肴所需要的原材料更多的则称之为“食材”。

其实，食材与烹饪原料在一定程度上，是可以“相互通用”的。就所指范围来说，烹饪原料覆盖的范围相对广泛，数量繁多，它包括制作所有食物的物质原料，而食材所指范围有一定的针对性，数量偏少，更多的是指制作菜肴、小吃、加工风味食品等所需要的食物原材料，不包括主食、茶、酒在内。

关于食材这一专业术语的来历，还有一种解释，就是与药材这一名称有关。中国自古有“药食同源”之说，很多食物既可以作为药物，又能作为食物，为了区分药物与食物的概念，于是，人们将制作药物的原材料称为“药材”，久而久之，将制作食物的原材料也统称为“食材”，这种称法更加通俗易懂，便于区分。

在日常生活中，不难发现，“食材”这一术语在餐饮行业中已经被广泛地使用着，各酒店厨师、餐饮服务人员、食材销售商、食材采购商、美食评论家、饮食消费者，他们会经常使用“食材”一词，在美食媒体网络、食材生产企业、超市商场、菜市场等公开场合，“食材”一词出现频率也很高。人们根据烹饪原料的不同特性功能，食材的含义也开始外延，有烧烤食材、火锅食材、素类食材、肉类食材、寒凉食材、温补食材、绿色食材、有机食材、非转基因食材、新鲜食材、速冻食材、保健食材、名贵食材、海鲜食材、地道食材……名词。这些前缀+食材的称谓似乎有些混乱，但能被社会大众所认同，显然已经约定俗成。于是，从事餐饮行业工作者也习惯将优质的烹饪原料称为特色食材，将某地方的优质物产称为特产食材或特色物产。

特色是一个事物显著区别于其他事物的风格、形式，特色物产指某地域特有的或特别著名的物产，物产之所以成为特产，就是因为其具有一定的特色，不论是食材自身的品质、还是食材背后的文化。因此，本教材将优质的烹饪原料和地方特色物产统称为“特色食材”。

何为湖湘特色食材？广义上指的是湖湘本土的、具有浓郁地方特色的烹饪原料；狭义上理解为湖湘本土的、具有浓郁特色的食材与调味品，湖湘特色食材到底“特”在什么地方？湖湘特色食材的内涵不仅仅体现的是食材本身的品质、营养与风味等元素的优越性，更重要的是许多湖湘特色食材的背后还蕴含着丰富的湖湘饮食文化与历史故事，这些特色食材与湖湘民众的食俗、食礼及饮食风味紧密相关，有的湖湘特色食材形成了当地重要的文化品牌标志，在省内外，都具有一定的社会知名度和影响力。因此，湖湘特色食材的特色基本可以归纳体现在七个方面，这些特色一定是与常见的、普通的同类烹饪原料相比较而言的。

1. 特在稀有

湖湘特色食材具有明显的地域性，因地理位置、气候条件所决定，少部分食材是湖湘所特有的或是最为著名的，如寒菌，只有在农历六月与九月才能采摘，均为野生品质，无法人工种植。将品质最好的寒菌——“扣子菌”用来提炼寒菌油，滑润香醇，是湖湘饮食中的一绝。

张家界人工养殖的娃娃鱼，是国内品质最好的大鲵食材，它对生长环境要求极高，其他地方很难生长繁殖，为湘菜烹饪的高端食材。张家界的岩耳，只生长在张家界武陵源景区砂岩绝壁上，数量非常少，很难获取，为湘菜珍品食材，自古以来，就被列为皇家贡品。

2. 特在品质

食材品质是衡量食材质量的重要依据，是指食材的质地、滋味、色泽、外形、香味等感官食用品质指标。一般来说，食材感官食用品质指标越高，食材的品质就越好，绝大部分湖湘特色食材都具有这一基本特点，这是由于食材的品种与产地气候和土壤环境所决定的，如湘潭矮脚白，因其白茎短矮而得名，具有耐热、抗寒、抗霜的能力，是湘潭本地优良的农家土种白菜品种，在明末已有文字记载，与其他白菜相比，口感更加细嫩、脆滑、清甜、爽滑多汁，深受当地民众喜爱。溆浦鹅是我国生产特级肥肝的优良地方肝用鹅种。

3. 特在营养价值

食材的营养价值主要取决于食材中所含的营养素的种类与数量，营养价值也是影响食材价值的重要因素，很多湖湘特色食材中，含有的营养素明显高于同类的烹饪原料，或是营养种类更加全面、丰富，具有较好的食疗功效，有些甚至富含生物活性成分，如宁乡灰汤鸭，因一直生长在灰汤温泉附近的池塘，体内且富含铁、铜、锌、锰、镍、碘、硅、矾、氟等14种微量元素，其微量元素大大超过普通鸭而声名远播，而且其肉质丰腴细嫩，骨粗髓多，炖熟之后不放盐而汤微咸，鲜甜、香味醇厚，早在清代康熙年间即被定为贡品，至今仍为人们餐桌美味。

4. 特在历史文化

每一款烹饪原料不一定有历史文化，但是每一种特色食材应该有其背后的故事，湖湘特色食材的历史文化是湖湘饮食文化中的重要组成部分，在湖湘特色食材中，大概统计，在清代以前开始种植、养殖、加工、食用的，并且有文献记载的不下百种，如湘菜重要食材，长沙鳖，又称甲鱼，早在西周，当时长沙国就作为进贡物品献给周成王。湘菜之魂，辣椒的种植，在清道光年间所修《宝庆府志》就有朝天椒的记载，宝庆府就是现今的湖南邵阳。浏阳豆豉，在马王堆汉墓出土物中的豆豉姜与浏阳豆豉相似，距今已有2000余年。麻阳白鹅距今已有300余年养殖历史。雪峰乌骨鸡记载于1874年（清同治十三年）。明朝时期，就有浏阳黑山羊、湘西黄牛的养殖记载。

5. 特在制作工艺

制作工艺是指食品加工成品与半成品的制作方法与流程，好的品质来源于好的工艺，湖湘特色食材中有部分是加工食品，如乾州板鸭、攸县香干、湘西腊肉、龙牌酱油等食品，因工艺独特，做工讲究，形成了特色鲜明，经久不衰的特色产品。如湘西腊肉，挂在火坑上面长时期烟熏火烤，皮色金黄有光泽，肥肉淡黄，瘦肉红润，腊香浓郁，被誉为“湘菜一绝”；龙牌酱油，拥有270多年的传统酿造史，是以优质黄豆、面粉为原料，采用传统的天然发酵酿造，利用自然温度，按黄豆、面粉、盐水的配制组成酱醅，经30多道工序，1年左右的日晒夜露，酱醅的颜色逐渐变成红褐色，并具有浓郁的酱香味。

6. 特在食俗

食俗是地方民众长期以来的饮食风俗，形成的饮食习惯，融入了人们的日常生活，如湘西苗族、侗族、土家族的酸食文化已经成为当地居民日常饮食中不可或缺的餐桌食品，在当地，家家户户都设置酸坛，对于苗族、侗族、土家族民众而言，无论荤、素食材皆可酸制，其酸食大概可分为三类：蔬菜酸、肉食酸与粮食酸。酸鱼是苗族人民饮食中最具代表性的食物之一，是极具地方特色的风味菜肴。民间有“三日不食酸和辣，心里就像猫儿抓，走路脚软心也花”之说。每当贵客临门，酸肉为农家常备之荤菜。凡是朋友自远方来，土家人、苗家人便从坛中取出腌制好的酸肉招待客人。

7. 特在经济效益与品牌价值

每一款湖湘特色食材都在当地具有一定的影响力，甚至扩散到省内外，具有广泛的知名度，如湘潭所产的湘莲，又称为“贡莲”，自明洪武年开始，就成为历朝历代的皇家贡品。湘莲肉色乳白，肉质细腻，具有清香味，其糖、蛋白质等含量居全国三大莲种之首，被称为“中国第一莲子”，是湘潭的地理标志。武冈铜鹅，明朝时期开始养殖，现在成为武冈市支柱型农业经济产业，武冈市也被誉为“中国铜鹅之乡”。一方水土养一方人，靠山吃山、靠水吃水，在农业社会，湖湘民众就会利用当地的特色物产资源，想办法将之转化为经济来源，来供给生活所需，每一款特色食材都是当地人宝贵的物产资源，是当地人赖以生存的物质基础。

湖湘特色食材体现的特色，不一定是每个特色食材都具有以上全部特点，而是一个特色食材具有其中一项或者几项。

二、湖湘特色食材的发展简述

湖湘特色食材的历史悠久、特色鲜明，这与湖南的地理、气候、物产密切相关，与湖湘饮食文化密切相关，地理气候条件的差异性是决定湖南物产的丰富性、多样性的主要原因。

1. 湖南地理概述

湖南地处云贵高原向江南丘陵和南岭山脉向江汉平原过渡的地带，东南西三面环山，中部丘岗起伏，北部湖盆平原展开，形成朝东北开口的不对称马蹄形。地貌类型多样，大体分为湘东侵蚀构造山丘区、湘南侵蚀溶蚀构造山丘区、湘西侵蚀构造山地、湘西北侵蚀构造山区、湘北冲积平原区、湘中侵蚀剥蚀丘陵区6个地貌区。湖南东有幕阜山脉、罗霄山脉绵亘；南有五岭山脉屏障；西有武陵山脉、雪峰山脉逶迤。湘北紧邻洞庭湖，地势低平，水面广阔；湘中多丘陵、盆地，地势向北倾斜，西高于东，中南部突兀着衡山。三湘指湘江上游与漓水合流后称漓湘，中游到零陵与潇水汇合后称潇湘，下游至衡阳与蒸水汇合后称蒸湘；四水指湘江、资江、沅江、澧水四条河流，概称三湘四水。

2. 湖南气候特征

湖南为大陆性亚热带季风湿润气候，光、热、水资源丰富，三者的高值基本同步。气候年内变化较大。冬季寒冷，夏季酷热，春季温暖多变，秋季气温陡降，春夏多雨，秋冬干旱。冬寒期短，无霜期长。日照充足，四季分明。垂直变化最明显的地带为三面环山的山地，尤以湘西与湘南山地更为显著。年平均气温16～19℃，冬季最冷月为1月，平均气温4℃以上，日平均气温在0℃以下的不到10天。春、秋两季平均气温在16～19℃，秋温略高于春温。夏季平均气温在26～29℃，衡阳一带高达30℃左右。

3. 湖南物产发展概述

湖南地处长江中游南部，气候温和，雨量充沛，土质肥沃，物产丰富，素称“鱼米之乡”。

在春秋、战国时期湖湘以“其畜宜鸟兽，其谷宜稻”著称于世，西周成王时期，楚王将长沙鳖作为贡品进献给周王。《周礼》载：“其谷宜稻”，即粳、籼稻谷。湖湘人除吃稻米蒸成的饭外，还喜欢吃两种或两种以上的谷物蒸成的香饭，以籼米与稷（小麦）、新麦与黄粱相糅合蒸煮而成的颗粒松散或黏稠的两种香饭，还有菰与粱合蒸的混合饭。楚国上层贵族中流行一种肉饭即卣肉饭。楚国供行旅征战和劳作时食用的主食干粮有粻、糗两种，粻是将大米碾成粉末后蒸成米糕；糗是一种煮熬米、麦制成的干粮。

战国时期，湘菜的调味品增多，除了盐外，还有酱、醋、酒、香料等，烹饪方法更加多样化，并重视火候，饮食市场更加多样化（图1-1）。爱国诗人屈原被贬逐于湖南境内的湘江流域，正是在此地，屈原完成了《楚辞·招魂》和《楚辞·大招》两篇不朽之作。湖湘先人祀天地、享祖先、庆婚嫁、办丧事、迎宾客的场面都非常隆重，并详细地列举了当时湘人上流社会的饮宴情况，罗列出丰富的食材与美食。

图1-1　战国时期湖湘饮食

秦统一后，郡县行政区划确立，湖南地区菜肴烹饪技术从荆楚菜系中独立出来，逐步发展形成了从用料、烹调方法到风味风格独立完整的体系，形成了酸、咸、甜、苦等为主的南方风味。畜类有华南野兔、牛、家犬、羊、家猪、梅花鹿等；禽类有雁、鸳鸯、鸡、鸭、雉、鹤、斑鸠、喜鹊、麻雀、竹鸡等；水产类有鳜、鲤、鲫、刺鳊、银鲴、鲢、鳙等；蔬菜有芋、冬葵、冬苋菜、芥、崧、旱芹、水芹、菌、竹笋等；瓜果类有土瓜、藕、荸荠、茭白等，另外还有调味的生姜和小茴香等；日常主食有稻、粱、豆、麦、黍、稷、粟、米等食材。

在《吕氏春秋·本味篇》中就已经有“云梦之芹”“洞庭之鲋”“醴水之鳖”等湖湘食

材的记载，这说明在当时，这些湘菜中常见的食材已经具有一定的社会影响力与知名度（图1-2）。

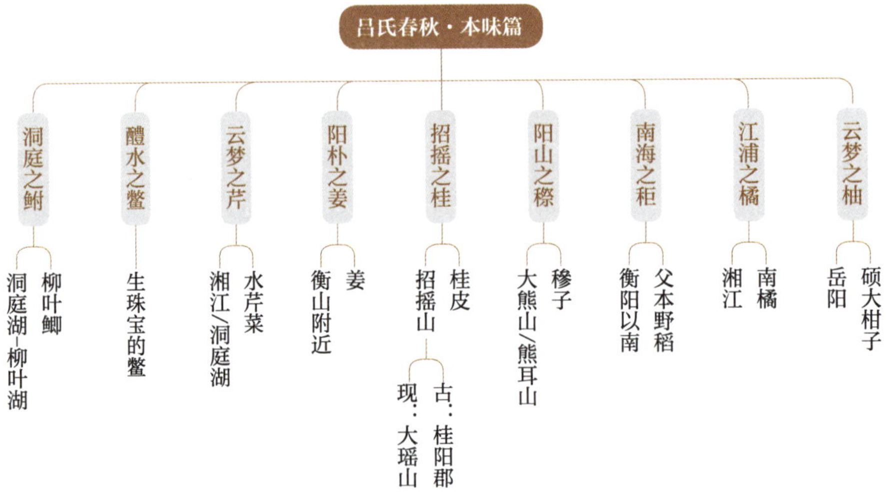

图1-2 《吕氏春秋·本味篇》食材

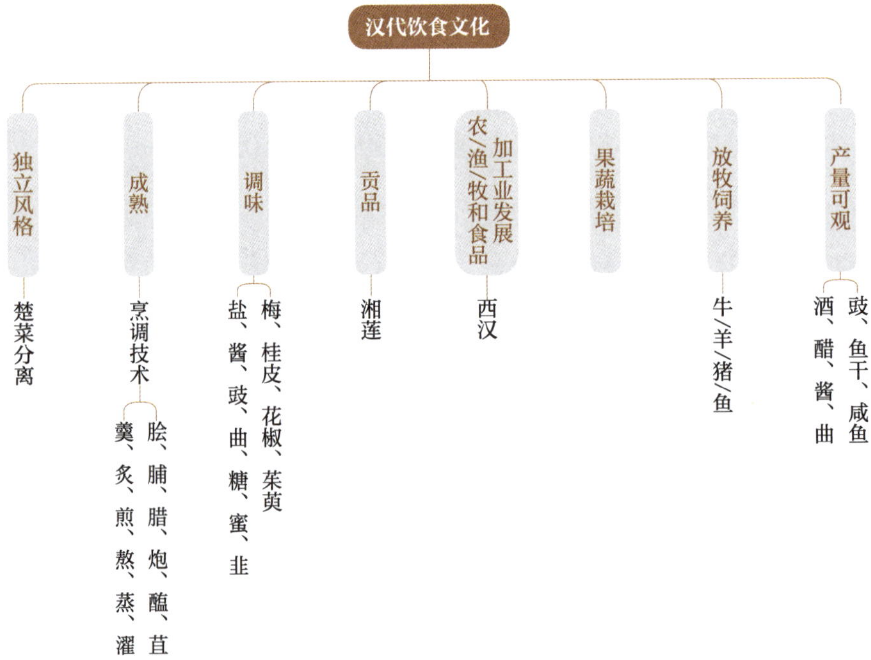

图1-3 汉代饮食文化

马王堆一号汉墓出土实物及312枚遣策中记录的随葬食品，一半以上都是记载食物的，其中主要有肉食类、调味品、饮料、主食、果品菜肴等6类，有近150种之多，调味品则有橘皮、花椒、茱萸、豆豉、葱、姜等，此外还有繁复的原料。主食主要为饭和粥，用稻、麦、粟烹成，还有未烹的粮食和酒曲等盛在麻袋中。饭分熟饭、黏饭，熟饭有稻米饭、麦米饭、黍米饭、黄粟饭、白粟饭；黏饭为添加其他食物烹制的饭食，有黍枣黏饭等。小食

- 烹饪方法
  - 熬（十一品）
    - 原料
      - 豚、兔、鸽
  - 脍（四品）
    - 原料
      - 牛、羊、鹿、鱼
  - 蒸
    - 种类
      - 蒸泥鳅、蒸鳜鱼、蒸鲍鱼
  - 濯
    - 种类
      - 牛濯胃（涮牛肚）、牛濯脾含心肺（涮牛脾和心肺）、濯豚（涮小猪肉）、濯鸡（涮鸡肉片）、濯藕（涮藕片）等
    - 定义
      - 现代火锅
  - 煎炸
    - 种类
      - 煎焖鸡/煎焖小雀/煎焖泥鳅/煎炸鱼/煎焖鲫鱼
      - 煎焖雁/煎焖雉/煎焖鹧鸪/煎焖鹌鹑
      - 煎焖乳猪/煎焖兔/煎焖鸽/煎焖鹤/煎焖凫
  - 炙
    - 种类
      - 炙鲍（烤鳠鱼）、串烤鲫鱼、串烤鲤鱼、裹烧烤甘薯或山芋、裹烧烤动物小腿肉等
      - 鹿炙（烤鹿肉）、炙鸡（烤鸡肉）、犬其胁炙（烤狗胁肉）、犬肝炙（烤狗肝）
      - 牛炙（烤牛肉）、牛胁炙（烤牛胁肉）、烤牛乘、炙豕（烤猪肉）
    - 原料
      - 牛、犬、豕、鹿、牛肋、犬肝、鸡
    - 定义
      - 烧烤
  - 脯/腊
    - 典型菜
      - 脯腊五笥
      - 鱼肤一笥
        - 未经盐腌鱼干
    - 种类
      - 牛脯、鹿脯、羊腊、兔腊等
    - 定义
      - 干肉
- 饮料
  - 米酒
  - 肋酒
    - 滤精清酒
  - 温酒
    - 醪槽
  - 白酒

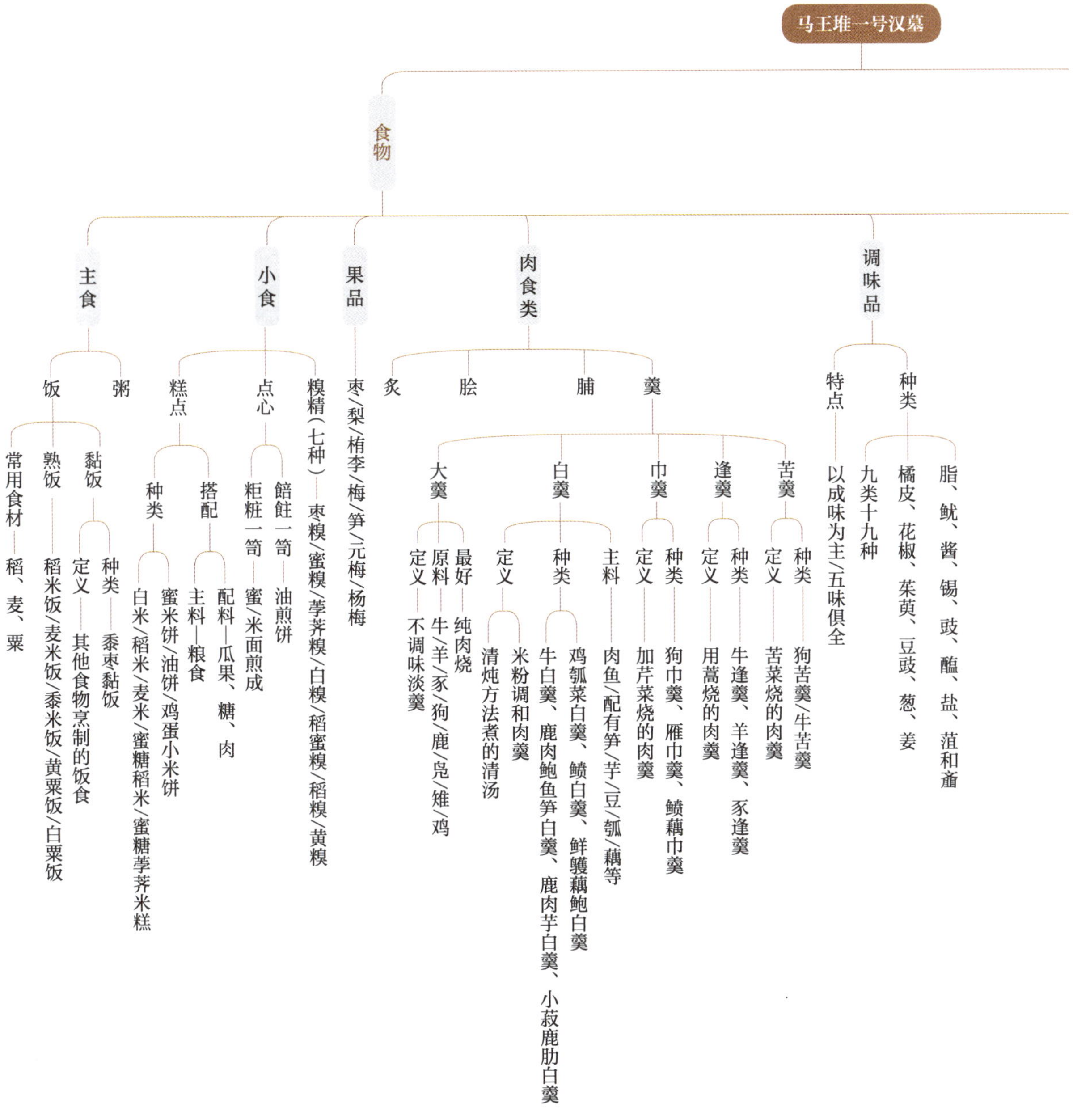
马王堆一号汉墓
食物
主食
小食
果品
肉食类
调味品
饭
粥
常用食材—稻、麦、粟
熟饭—稻米饭/麦米饭/黍米饭/黄粟饭/白粟饭
黏饭
定义—其他食物烹制的饭食
种类—黍枣黏饭
糕点
种类
白米/稻米/麦米/蜜糖稻米/蜜糖荸荠米糕
蜜米饼/油饼/鸡蛋小米饼
搭配
主料—粮食
配料—瓜果、糖、肉
点心
粔籹一笥—蜜/米面煎成
餢飳一笥—油煎饼
糗精（七种）—枣糗/蜜糗/荸荠糗/白糗/稻蜜糗/稻糗/黄糗
枣/梨/梢李/梅/笋/元梅/杨梅
炙
脍
脯
羹
大羹
定义—不调味淡羹
原料—牛/羊/豕/狗/鹿/凫/雉/鸡
最好—纯肉烧
白羹
定义
清炖方法煮的清汤
米粉调和肉羹
种类
牛白羹、鹿肉鲍鱼笋白羹、鹿肉芋白羹、小菽鹿肋白羹
鸡瓠菜白羹、鲼白羹、鲜鳠藕鲍白羹
主料—肉鱼/配有笋/芋/豆/瓠/藕等
巾羹
定义—加芹菜烧的肉羹
种类—狗巾羹、雁巾羹、鲼藕巾羹
逢羹
定义—用蒿烧的肉羹
种类—牛逢羹、羊逢羹、豕逢羹
苦羹
定义—苦菜烧的肉羹
种类—狗苦羹/牛苦羹
特点—以成味为主/五味俱全
种类
九类十九种
橘皮、花椒、茱萸、豆豉、葱、姜
脂、鱿、酱、饧、豉、醯、盐、菹和齑

图1–4　马王堆一号汉墓

即点心、糕点和糗精，糗精有7种，即枣糗、蜜糗、荸荠糗、白糗、稻蜜糗、稻糗、黄糗。点心有粔粧一笥和餢飳一笥，粔粧一笥，用蜜和米面煎成；餢飳一笥，当指油煎饼。糕点有白米、稻米、麦米、蜜糖稻米、蜜糖荸荠米糕、蜜米饼、油饼、鸡蛋小米饼等，以粮食为主料，配以瓜果、糖、肉等。果品有枣、梨、栯李、梅、笋、元梅、杨梅等。腊脯制品，汉墓的竹笥木牌记载了很多食品储存和保鲜方法，有腊、脯、鲍、菹等，随葬食品中有大量的熏腊制品和风干肉脯。说明汉初长沙国的人们嗜好风腊腌制食品。肉食类馔品有各种羹、脯、脍、炙。羹二十四鼎。肉羹类有5大类24种，即大羹、白羹、巾羹、逢羹、苦羹，大羹为不调味的淡羹，原料分别为牛、羊、豕、狗、鹿、凫、雉、鸡等。脯、腊均为干肉，有牛脯、鹿脯、羊腊、兔腊等。炙食料分别为牛胃、脾、肺及豚、鸡。濯即鬻，是将肉菜放入汤锅涮一下即食用的方法，与现代火锅食法近似（图1-3，图1-4）。

三国至南北朝时期，长沙的粮食产量相当大，已大量外调，成为全国重要的粮食生产地和供应地。由于农业发展，粮食增多，促进了牲畜饲养业的发展。长沙六朝墓所出土大量陶制牛、马、狗、猪、羊圈、鸡、鹅圈等，常德石门土鸡开始大量养殖，表明长沙有相当兴旺的牲畜饲养业。酿酒业得到大力发展，由于米好，水好，还出美酒。《晋书·武帝纪》载"'荐渌于太庙'，即今衡州府所出之酒，渌则今长沙府醴陵县所出之酒也。"（图1-5）。

北魏末年贾思勰的农书《齐民要术》内容十分丰富，涉及农作物栽培，畜牧兽医、食物加工、烹饪技术等各个方面，其卷八至卷十之第六十四至八十九篇，专述酿造、烹饪、食谱等，在素菜篇中，记述了十一种素菜的烹调方法，其中对湖南地区的饮食烹饪也有不少记述。其中最突出的是《长沙鱼鲊法》《脯腊》《酃酒》等。

南北朝梁代宗懔编撰的《荆楚岁时记》载："仲冬之月，采撷霜芜、菁、葵等杂菜干之，家家并为咸菹，有得其和者，并作金钗色。今南人作咸菹，以糯米熬捣为末，并研胡麻汁和酿之，石笮令熟。菹既甜脆，汁亦酸美，呼其茎为金钗股，醒酒所宜也。"甜脆酸美的咸菹是湖湘用植物腌制的酸菜。

北宋和南宋，湖湘地区有充足的烹饪原料为饮食业和烹饪技艺的发展提供了有利条件（图1-6）。粮食除了原有的稻谷之外，还引进越南的占城稻进行种植，产量有明显的提高。这一时期，名特地方物产有新晃黄牛肉、龙牙百合、雪峰山鱼腥草、临澧黄花鱼等。家畜有猪、牛、羊、狗等，家禽有鸡、鸭、鹅等，鱼有鲤鱼、鲢鱼、鲫鱼、银鱼、白鱼等，河鲜有虾、蟹、鳅、鳝、蛙等，蔬菜有萝卜、胡萝卜、莴笋、芋头、山药、荸荠、笋、藕、白菜、芥菜、菠菜、苋菜、茼蒿、茄子、菌类等，调味料有葱、蒜、姜、韭菜、香菜等，植物油料有芝麻、菜油、花生、茶油等，瓜类有丝瓜、瓠瓜、西瓜、甜瓜等，果类有银杏、杨梅、板栗、樱桃、桃子、梨子、李子、橘子、甘子、荔枝、龙眼、柑、柚子、莲子等。

明代湖湘的政治、经济、文化、交通发达，市场繁荣，湖南的烹饪技术进入黄金时代。湘菜在官府衙门内颇为盛行，一些达官显贵雇佣高级烹调师精制湘菜供其食用。湖湘人开始从沿海的福建、广东引进海鲜干货，用于湖湘饮食，并在餐饮业里形成一个专门的

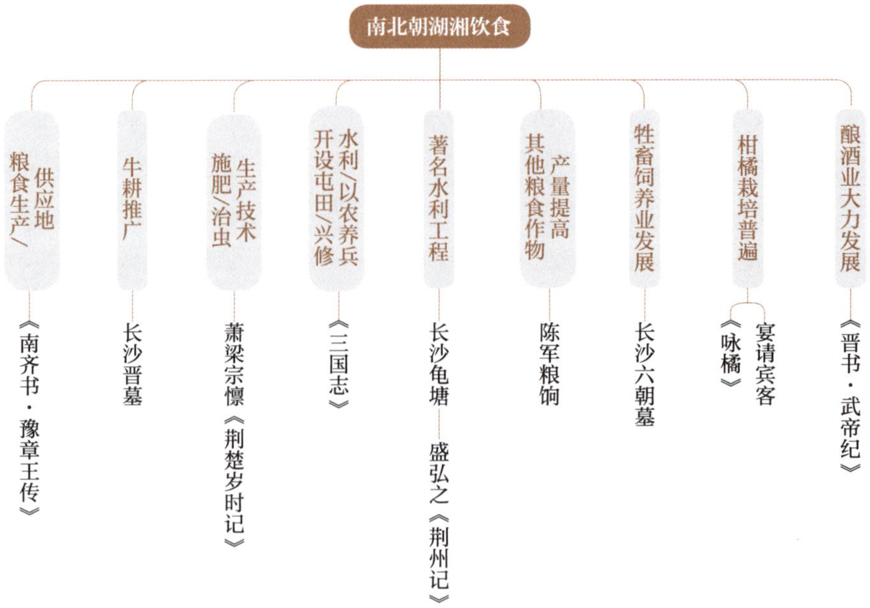

图1–5　南北朝湖湘饮食

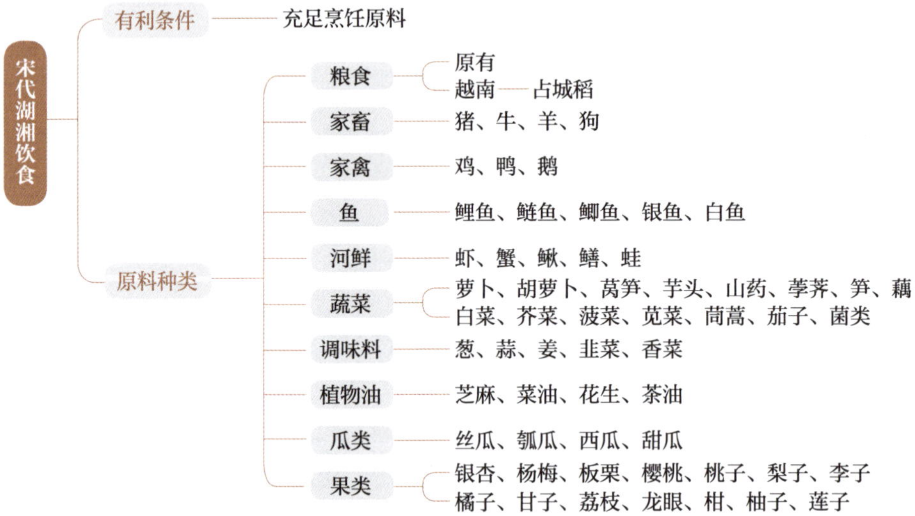

图1–6　宋代湖湘饮食

工种叫干货涨发。湖南许多特色食材在明朝开始种植或养殖，有的在当时因为品质优良，被当地政府官员作为贡品进贡朝廷，如茶陵生姜、辣椒、湘潭矮脚白、桑植萝卜、汉寿玉臂藕、攸县豆腐、富田桥游浆豆腐、汝城香菇、张家界大松菌、湘莲、浏阳黑山羊、武冈卤菜、宁乡花猪、湘西黄牛、洞溪七姊妹辣椒、岩耳等。

自清康熙开始大力奖励垦荒，乾隆时，有“湖南熟，天下足”的说法，当时包括长沙在内的整个湘北地区已是全国重要的粮食产地。湘西地区清初已经正式吃辣椒，湘东和湘南在嘉庆年间食用辣椒。随后辣椒在慈利、长沙、湘潭、湘阴、宁乡、攸县等地登上餐桌。左宗棠时候，湘阴家家户户种辣椒，他还把辣椒带到新疆。湖南人养成了终年吃辣椒的习惯，三餐吃辣，无菜不辣，几乎达到没有辣就吃不下饭的程度。在清朝时期，湖湘许许多多特色食材开始崭露头角，有的本土食材开始有较高的知名度，如祁东黄花菜、桂东花豆、桑植盐豆腐干、白溪水豆腐、临澧杂柑、纹山珍珠枣、靖州杨梅、灰汤鸭、湘黄鸡、溆浦鹅、芷江鸭、洪江雪峰乌骨鸡、汝城板鸭、米粉鹅、沙子岭猪、大合坪黑猪、玉和醋、龙牌酱油、永丰辣酱等。

总体而言，湖湘特色食材随着长时间历史的发展，通过自然与人为的选择，湖湘特色食材的品种与数量均有较大的发展，品质更优，特色更加鲜明。湖湘特色食材具有一定的地域性的聚集性，大体分三类聚集：一是湘西山区，主要是植物类、菌类、腊味类特色食材的聚集地，有着湘西特有的风味；二是洞庭湖区，主要是湖鲜类、平原特产类特色食材的聚集地；三是湘江流域，主要是河鲜类、种植类特色食材的聚集地。

课后练习题

一、单选题

1. 湘莲被称为“中国第一莲子”，是（　　）的地理标志。

A. 长沙　　B. 岳阳　　C. 怀化　　D. 湘潭

2. 下列哪项不是湖湘特色食材特色所在（　　）。

A. 品质　　B. 营养价值　　C. 历史文化　　D. 价格

3. 被誉为“中国铜鹅之乡”的是（　　）。

A. 武冈　　B. 岳阳　　C. 长沙　　D. 郴州

二、判断题

1. 民间有“三日不食酸和辣，心里就像猫儿抓、走路脚软心也花”之说，指的是酸食类。（　　）

2. 宋朝时期，湘菜的调味品增多，除了盐外，还有酱、醋、酒、香料等，烹饪方法更加多样化，并重视火候，饮食市场更加多样化。（　　）

3. 湖南地处长江中游南部，气候温和，雨量充沛，土质肥沃，物产丰富，素称“鱼米之乡”。（　　）

三、思考题

1. 湖湘特色食材的概念是什么？

2. 湖湘特色食材特色表现在哪些方面？

项目二

湖湘特色食材研究的内容、意义与学习方法

一、湖湘特色食材研究的内容

湖湘特色食材是以湘菜制作中所使用的特色食材为研究对象，着重研究特色食材的化学成分、形态结构、饮食文化、产地、选用标准、保管方式、烹饪应用与上市季节等内容。

1. 特色食材的食俗与历史文化

了解特色食材与湖湘民众的食俗联系，学习食材的历史文化价值，有助于更好地挖掘与弘扬湘菜文化，提升湘菜的文化内涵。

2. 特色食材的营养价值

了解特色食材的营养价值，了解特色食材在加工制作中发生的化学变化，以便在加工过程中对食材的营养价值进行科学保护。

3. 特色食材的形态结构

了解和掌握食材的形态结构，有助于正确地识别和加工食材。根据特色食材的形态结构特点，分析特色食材的质地、口感、水分、重量等方面内容，使其在加工过程中得到合理使用。

4. 特色食材在湘菜制作中的应用

根据特色食材的口感、口味、质地等性质特点，充分发挥特色食材在湘菜制作中的作用，更加合理地使用特色食材，突出特色食材和产品的特色，使菜肴达到最佳食用状态。

5. 特色食材的鉴定和保管方式

研究特色食材贮存保管的原理和方法，能更加准确地判断特色食材品质的优劣，从而正确地选择特色食材，延长食物原料的使用时间，减少食物原料的浪费，合理地使用特色食材。

6. 特色食材的产地和上市季节

了解和掌握特色食材的产地与上市季节，遵循特色食材合乎时序原则，在湘菜烹饪具体应用中，能把握特色食材的最佳食用期，有助于提高湘菜的质量和特色。

二、湖湘特色食材研究的意义

1. 学习湖湘特色食材知识是学好湘菜技艺的基础

湖湘特色食材是决定湘菜质量的第一环节，是湘菜制作的物质基础，同时也是决定湘菜质量好坏、湘菜风味的重要因素，因此，了解湖湘特色食材的属性，有利于发挥湘菜技艺水平，掌握更多、更新的湖湘特色食材，有助于湘菜产品的创新和提高。

2. 学习湖湘特色食材能充分发挥特色食材食用价值

湖湘特色食材具有较好的风味成分与营养价值，掌握湖湘特色食材知识，尽可能地在烹调制作中保护好食物原料的营养素，同时充分利用好特色食材本身的风味成分，提升特色食材的食用价值。如樟树港辣椒，生长前期微辣香甜，中期中辣香脆，后期辣而有香，味纯不涩，椒香浓烈且明显高于其他品种，清炒时具有皮肉不分离，清脆柔软，独具清香等特点，所以烹饪樟树港辣椒时，辣椒的蒂子不用去除，直接放少许盐进行清炒即可食用，不用过多地添加调味料，就能达到樟树港辣椒清香柔嫩的口感。

3. 学习湖湘特色食材，有助于湘菜的创新与湘菜产业的发展

随着餐饮业新原料、新工艺、新产品、新设备的不断变化，地方菜如何在各个菜系相互交融中始终保持自身的风味特色，是所有地方菜面临的共同问题，食材属于餐饮行业的上游链，是影响菜品质量与风味特色的首要环节，学习湖湘特色食材，有助于不断认识新原料，不断创新，从而丰富湘菜品种，保持湘菜的品质，拓宽湘菜产业的规模，从而带动湘菜食材链的发展。

4. 学习湖湘特色食材，有利于科学系统地认识湘菜烹饪技艺

长期以来，由于缺乏系统的挖掘与整理，外界对湖湘特色食材的认识还不够深入，大多停留在片面、零散的认识状态，学习和掌握湖湘特色食材，对特色食材进行科学的研究、总结，分析其发展和应用的内在规律，可以使湖湘特色食材这门学科更加完善，使湘菜理论体系变得更加完整、系统。

三、湖湘特色食材研究的学习方法

1. 理论联系实际，重视对食材属性的认识

每一种湖湘特色食材都具有一定特征，通过对实物进行实地调研、观察与研究，对特色食材的饮食历史文化、组织结构、营养价值，以及对食材的品种选用标准、保管方式、烹饪应用与上市季节等特点进行观察、了解，发现有些原料必须通过烹调实践来反复检验。

2. 重视湘菜烹饪的实践应用

几乎所有的特色食材都需要经过烹调环节，最后成为菜肴供人食用，湖湘特色食材绝大部分是原生态食材，而原生态食材经过加热后，其化学成分、风味物质与营养物质都会发生一定的变化，有的风味增加了，有的营养价值降低了等，在湘菜实际烹饪应用中，食材不是单个的应用，它可能充当的是主料、配料或是调辅料，食物原料通过相互搭配，其风味特点与营养成分又会发生相应变化，因此，仅仅研究某一种食材并不够，还需要研究这一食材和其他原料相互之间的关系，这就需要既认识单种食材，也需要认识烹调过程中的组合原料。

3. 挖掘、整理、总结前人留下的宝贵经验

湖湘特色食材是湖湘民众经过长时间从事农业、畜牧业、养殖业的经验积累，为我们提供了众多的可供选择的食物，而且经过历代湘菜厨师的反复菜品实践，为我们筛选出一系列湘菜的特色食材，这是湘菜制作技艺的宝贵资源，对其进行总结、挖掘，从而进一步借助自然科学研究成果，展开对特色食材的研究。

4. 了解学习特色食材相关的知识，做到科学合理应用

湖湘特色食材是一门边缘科学范畴，它与许多学科有着密切的关系，如生物学、商品学、化学、营养学、卫生学等。相对于烹饪原料学这门新学科来说，这些相关学科的内容和实验方法已比较成熟，我们可以有选择地吸收这些相关学科的知识，将其充实到湖湘特色食材中去。

总之，要在实践中研究食材，从中寻找食材应用的规律，上升到理论，然后再来指导实践，再认识、再提高。如此不断往复，使我们对湖湘特色食材的认识不断深化，这是研究烹饪食材的最根本的方法。

课后练习题

一、单选题

1. 湖湘特色食材是以（　　）制作中所使用的特色食材为研究对象。

A. 川菜　　B. 湘菜　　C. 粤菜　　D. 鲁菜

2. 湖湘特色食材是决定湘菜质量的第（　　）环节，是湘菜制作的物质基础。

A. 一　　B. 二　　C. 三　　D. 四

二、判断题

1. 了解特色食材与湖湘民众的食俗联系，学习食材的历史文化价值，有助于更好地挖掘与弘扬湘菜文化，提升湘菜的文化内涵。（　　）

2. 了解和掌握食材的形态结构，有助于正确地识别和加工食材。（　　）

三、思考题

1. 湖湘特色食材研究的内容有哪些？

2. 湖湘特色食材研究的意义？

3. 湖湘特色食材研究的学习方法？

项目三
湖湘特色食材分类意义与方法

一、湖湘特色食材分类意义

湖南地处长江中游南部，气候温和，雨量充沛，土质肥沃，物产丰富，素称“鱼米之乡”。优越的自然条件和富饶的物产，为湘菜在选料方面提供了源源不断的物质条件。家禽、家畜、时令蔬菜、山珍、野味、熏腊食材、水产湖鲜、河鲜、江鲜，酱、醋、豆豉、剁椒等特色调味品，很多都是湘菜的优质食材。目前，湖湘地区出产的具有一定优越性品质、营养与风味，并有一定历史文化及品牌影响力的湖湘特色食材将近300个，这些特色食材与湖湘民众的食俗、食礼及饮食风味紧密相关，因为这些特色食材牵扯内容多，如果加工方法、口味等发生变化，也会使食材发生变化。挖掘整理湖湘特色食材，必须按照一定的标准要求，对湖湘特色食材进行科学的分类，加以归纳与总结，通过对湖湘特色食材的分类，可全面反映湖湘特色食材的分布与应用状态，科学合理地认识湖湘特色食材的属性，能更好的指导在湘菜中的具体应用，且对湘菜新食材的开发和利用具有重要指导意义。

二、湖湘特色食材分类方法

由于不同行业的认识标准不同，对原料的分类也不同。从目前情况来看，烹饪原料由于分类的标准和依据不同，其分类方法也不同，湖湘特色食材作为地方优质食材，涉及的种类与数量不多，根据自身的特点，分类方法以实用性原则为主。

1. 按食材的来源属性分类

（1）湖湘植物性特色食材　包括豆制品、蔬菜、加工性蔬菜、果品、山珍等。

（2）湖湘动物性特色食材　包括禽类、加工性禽类、畜类、加工性畜类、水产、加工性水产等。

（3）湖湘调辅料特色食材　包括辣酱、酱油、米醋、茶油等。

将湖湘特色食材按照来源属性划分，能较好地反映各种食材的性质特点，突出食材的本身属性，有较强的科学性，简单明了、界限分明，但此种分类方法所含范围较广，还需对原料进行进一步分类。

2. 按原料在烹饪中的应用分类

（1）主料　指一道菜点的主要食材及配伍食材，是构成菜点的主体，也是人们食用的主要对象。

（2）调辅料　指烹调或者食用过程用来调味的，或帮助菜肴成熟、成形、着色的原料，如水、油脂，制作中所使用的辅助原料。

按食材在烹饪中的应用分类，能反映食材在烹饪制作中的不同作用和地位，突出原料在湘菜中的实际应用，与湘菜技艺结合紧密，但反映不出食材的基本属性和特点。

3. 按原料的加工与否分类

（1）鲜活原料　新鲜的鱼、肉、蔬菜等。

（2）加工性原料

①干货原料：如香菇、干果等。

②复制品原料：如香肠、火腿、腊肉、板鸭等。

按照原料的加工与否分类，能够突出原料鲜活程度和原料特点，这样能够让人们从原料感官上有一个基本的了解，但是由于这种分类方法比较简单，所以在餐饮行业中，根据加工与否来对原料进行粗略区分。

4. 按原料的商品学分类

（1）粮食　包括大米、面粉、玉米、高粱等。

（2）蔬菜　包括青菜、萝卜、番茄等。

（3）果品　包括水果、干果等。

（4）肉及肉制品　包括畜肉、禽肉、腊肉等。

（5）水产品　包括鱼、虾、蟹等。

（6）干货制品　包括香菇、虾米、火焙鱼等。

（7）调味品　包括食盐、糖、醋、味精、香料等。

（8）辅佐原料　如油、淀粉等。

按食材的商品种类划分，突出了食材在商品流通中的性质和特点，与人们日常生活联系较紧，便于识别，但科学性不够，特色食材自身的特点不突出，有时还存在交叉现象。

课后练习题

一、单选题

1. 下列哪项不是湖湘特色食材按来源属性分类的（　　）。

A. 湖湘植物性特色食材　　B. 湖湘动物性特色食材

C. 湖湘调料、辅料类特色食材　　D. 湖湘加工性食材

2. 下列哪项不是湖湘动物类特色食材（　　）。

A. 鸟类　　B. 畜类　　C. 禽类　　D. 蔬菜类

二、判断题

1. 按食材在烹饪中的应用分类，能反映食材在烹饪制作中的不同作用和地位，突出原料在湘菜中的实际应用，与湘菜技艺结合紧密，但反映不出食材的基本属性和特点。（　　）

2. 按食材的商品种类划分，突出了食材在商品流通中的性质和特点，与人们日常生活联系较紧，便于识别，但科学性不够，特色食材自身的特点不突出，有时还存在交叉现象。（　　）

三、简答题

1. 简述湖湘特色食材分类意义。

2. 简述湖湘特色食材分类方法。

项目四

湖湘特色食材的营养成分

所有食材都是由基本化学成分所组成。其中，能够提供人体正常生理功能所必需的营养及能量的化学成分称为营养素，主要由无机物和有机物两大类组成。无机物包括水和各种矿物质等；有机物包括碳水化合物、蛋白质、脂肪和维生素等。这六类营养素合起来约占烹饪原料化学成分总量的99.9%以上，是决定烹饪原料品质的重要因素。有些化学物质，它们在烹饪原料中的含量尽管很少，但它们对烹饪制品的质量和风味特点往往产生较大影响，如烹饪原料中的色素、呈味物质、呈香物质等。有些化学物质对人体有不良的影响，甚至有毒，含有这些物质的原料便不能食用，或经过加工处理后方可利用，如河豚毒素、皂素、秋水仙碱、草酸等。

一、水分

水是绝大多数烹饪原料（特别是新鲜的动植物原料）中含量较多的成分。原料中水分含量的多少以及存在的状态对原料的品质有很大的影响。烹饪原料的含水量主要与原料的种类有关，此外，也与原料的产地、成熟度以及贮藏保管的温度、湿度和贮藏时间长短等因素有关。在植物性原料中，新鲜蔬菜和水果的含水量较高，谷类粮食和豆类含水量为12%~15%，油性种子（如花生、核桃仁、芝麻等）含水量只有3%~4%。在动物性原料中，肌肉组织和内脏的含水量较高，畜禽骨骼含水量仅为12%~15%，脂肪组织的含水量更低。

烹饪原料中的水分以自由水和束缚水两类形式存在。自由水又称为游离水，是指原料中不与其他成分结合而游离于细胞和组织间隙中的水。自由水是鲜活植物原料中含量最多的水。自由水容易结冰，能够溶解溶质，流动性大，也会因蒸发而散失。烹饪原料中的自由水可以为微生物所利用，故原料中自由水含量的高低对原料的储存影响较大；束缚水又称结合水，主要是指以较强的水合作用与原料中其他成分相结合的水。束缚水又可分为胶体结合水和化合水。这部分水很稳定，一般不会因干燥作用而被排除，也不能为微生物所利用。烹饪原料中束缚水含量的高低对原料的储存影响不大。

水分含量的多少对烹饪原料的品质有较大的影响。如新鲜蔬菜和水果要求其含有较多的水分，如果其中的水分因大量蒸发而散失，则会使新鲜蔬菜和水果的重量减轻，外观萎蔫干缩，色泽发生变化，硬度下降，质地变得老韧，直接影响其食用价值；冷冻储存的原料，若冻结与解冻的方法不当，则原料的细胞组织易受损伤，导致细胞质脱水、液汁大量流失，同时会使蛋白质发生变性和凝固现象，从而影响到这些原料的营养价值和口感、口味。与上述情况相反，水分增多对干货原料的质量也有不良影响。干货制品含水量超过一定数值，易发生霉变等现象，而引起贮藏中的品质下降。因此，应将干货原料的含水量控制在适宜的范围。

二、碳水化合物

碳水化合物又称糖类，主要为人体提供热能。碳水化合物的存在形式主要是淀粉和纤维素，主要类型有单糖、双糖和多糖。原料中碳水化合物的含量与原料的种类、品种、生长环境和生长成熟度有很大关系。淀粉是植物性原料中最重要的多糖，主要存在于粮食作物的种子和一些植物的根、茎中，粮食中的淀粉含量最高，可达80%。有些蔬菜淀粉含量也较高，如荸荠、慈姑、藕、马铃薯、山药、菱角等，水果中的淀粉含量较少，未成熟果实含少量淀粉，成熟后逐渐转化为单糖。淀粉是构成人类主食的主要成分，是人类的重要能源物质。另外、纤维素可促进人体胃肠道的蠕动，有利于对其他物质的消化吸收，起到间接帮助消化的作用。

三、蛋白质

原料中蛋白质的种类很多，动物性原料中的蛋白质一般要比植物性原料中的蛋白质含量高，质量也好。蛋白质的组成单位是氨基酸，其结构复杂，目前从蛋白质中分离出的氨基酸有20多种，是人体组织的重要组成成分，根据人体的需要可分为必需氨基酸和非必需氨基酸。必需氨基酸人体不能合成，必须从食物中摄取；非必需氨基酸在人体内可由其他物质转化得到，不一定依靠食物摄取。在烹饪中，蛋白质会发生变性作用、凝固作用、水解作用和美拉德反应。

四、脂肪

脂肪是烹饪原料中重要的组成部分，也是烹饪中常用的原料之一，可以提供人体热能和必需脂肪酸，也是脂溶性维生素的主要载体。其构成有脂肪酸和甘油，脂肪酸的种类很多，可分为饱和脂肪酸和不饱和脂肪酸，饱和脂肪酸熔点高，消化率低；不饱和脂肪酸熔点低，消化率高。一般来讲，植物性脂肪含不饱和脂肪酸比动物性脂肪含不饱和脂肪酸要多。脂肪在烹饪中会发生热水解作用、热分解作用、热氧化聚合作用和油脂的酸败。

五、维生素

维生素是维持人体生长和正常新陈代谢所不可缺少的营养素。目前在烹饪原料中已发现的维生素有30余种，按其溶解性可分为脂溶性维生素和水溶性维生素。脂溶性维生素主要有维生素A、维生素D、维生素E、维生素K等，只溶于脂类或脂溶剂，不溶于水。水溶性维生素主要有B族维生素和维生素C等，易溶于水，在人体内一般不能贮存，过多的水溶性维生素会随着排泄物排出体外。水溶性维生素易溶解流失、易被氧化，受热容易分解。

六、矿物质

矿物质又称无机盐，指构成人体的各种元素中，除了碳、氢、氧和氮四种元素主要以有机物质的形式出现外，其他各种元素，无论以何种形式存在，均统称为矿物质。这是人体内无机物的总称，在植物性原料中存在较多。目前已经查明的人体内含有的矿物质有50余种，人体必需的矿物质有14种，即钙、磷、钾、钠、硫、镁、碘、锌、硒、铜、钼、铬、钴、铁，若人体缺乏这些矿物质，就会引起机体组织和生理上的异常，但如果摄入量过多，也会危及人体健康。

植物性烹饪原料体内的矿物质主要来自土壤。植物从土壤中获得矿物质并储存于根、茎、叶等组织中，动物主要通过摄入植物得到矿物质。在植物组织器官中，种子含矿物质最多，占叶子总干重的10%～15%，茎和根约含4%～5%，种子中含有磷和钾最多，茎和叶中含有硅与钙较丰富，地下贮藏器官中钾含量较高。

课后练习题

一、单选题

1. 能够提供人体正常生理功能所必需的营养及能量的化学成分称为（　　）。

A. 营养素　　B. 矿物质　　C. 元素　　D. 化学物质

2. 绝大多数烹饪原料（特别是新鲜的动植物原料）中含量较多的成分是（　　）。

A. 蛋白质　　B. 脂肪　　C. 碳水化合物　　D. 水分

3. 可以提供人体热能和必需脂肪酸，也是脂溶性维生素的主要载体的是（　　）。

A. 蛋白质　　B. 脂肪　　C. 碳水化合物　　D. 维生素

二、判断题

1. 烹饪原料中的水分主要以自由水的形式存在。(　　)
2. 目前在烹饪原料中已发现的维生素有30余种，按其溶解性可分为脂溶性维生素和水溶性维生素。(　　)

三、思考题

1. 湖湘特色食材营养成分主要有哪些？
2. 湖湘特色食材中维生素的作用有哪些？

项目五

烹饪原料品质鉴别方法

一、烹饪原料品质鉴定的意义

所谓原料的品质鉴定，就是人们利用一定的鉴定手段和方法，通过对原料固有性质特征的变化来判断原料的质量。它是保证烹饪质量的前提，在具体实践中，做好对原料的品质鉴定工作，对实践有着十分重要的意义。

烹饪原料是烹饪加工的物质基础，烹饪原料品质的好坏对所烹制的菜肴质量有决定性的影响，对烹饪原料的品质进行检验，是为了在烹调过程中能正确地选用原料。掌握烹饪原料的品质检验的方法，客观、准确、快速地识别原料品质的优劣，对保证烹饪产品的食用安全性也是十分重要的。

二、烹饪原料品质检验的方法

1. 感官鉴定

感官鉴定是指人们利用人体的耳、眼、鼻、舌和手等感觉器官来对原料品质鉴定的一种方法，是人们通过感觉器官来对原料进行感知分析、比较、判断。方法简单、实用、方便，但要有一定的实践经验。感官鉴定根据所运用的感官的不同，又可分为视觉检验、嗅觉检验、听觉检验、触觉检验和味觉检验五种具体方法。

（1）视觉检验　视觉检验就是利用人的视觉器官鉴别原料的形态、色泽、清洁程度等，这是判断原料感官质量所运用的范围最广的一种重要手段。原料的外观形态和色泽对于判断原料的新鲜程度、原料是否有不良变化以及原料的成熟度等有着重要意义，而这些均可利用视觉检验来判别，是能用眼睛判断的，一眼便可辨别。如红色的猪肉、新鲜鱼的眼睛等。

（2）嗅觉检验　嗅觉检验就是利用人的嗅觉器官来鉴别原料的气味。人的嗅觉相当敏感，有些用仪器分析的方法也不一定能检验出来的极细微的变化，而人的嗅觉器官能够辨别出来。不同原料有不同气味，一旦气味出现了异常，说明品质有变。如新鲜蔬菜的清香味、水果的香气等。

（3）味觉检验　味觉检验是利用人的味觉器官来检验原料的滋味，从而判断原料品质的好坏。味觉检验对于辨别原料品质的优劣也是很重要的，味觉就是原料的口味刺激人们舌头时的反应。原料的口味发生变化，说明原料品质出现了变化。如馒头出现了酸味等。

（4）听觉检验　听觉检验是通过人们的听觉器官——耳朵对原料结构的变化来判断的一种方法。原料内部结构的改变，可以通过其振动时所发出的声音表现出来。有些原料通过外表看不出变化，但通过对其摇晃或拍打能听出其内部的变化。如鸡蛋、核桃、西瓜等。

（5）触觉检验　触觉检验是通过手的触觉检验原料的重量、质感、弹性、硬度、膨松状况等，从而判断原料的质量。原料的这些变化通过手的触摸，形成大脑对这一原料的反应，从而判断其变化程度。如鱼的弹性、蔬菜的脆性等。

感官鉴定法是烹饪行业常用的检验原料品质的方法，是人们在长期的实践中经验的积累。通过对食品感官性状的综合性检查，可以及时地鉴别出食品质量有无异常。感官检验方法直观，手段简便，不需要借助特殊仪器设备、专用的检验场所和专业人员，并且常能够察觉理化检验方法所无法鉴别的某些细微变化。感官检验对肉类、水产品、蛋类等动物性原料的检验，更有明显的决定性意义。但感官检验也有它的局限性，它只能凭人的感觉对原料某些特点作粗略的判断，并不能完全反映其内部的本质变化，而且各人的感觉和经验有一定的差别，感官的敏锐程度也有差异，因此检验的结果往往不如理化检验精确、可靠。所以对于用感官检验难以作出结论的原料，应借助于理化检验。

2. 理化鉴定

原料品质检验的理化指标，主要指原料的营养成分、化学组成、农药残留量、重金属含量，以及腐败变质和霉变后产生的有毒、有害物质等。理化检验是指利用仪器设备和化学试剂对原料的品质好坏进行判断。运用理化检验方法鉴别、检验原料的品质比较精确，能具体而深刻地分析食品的成分和性质，对原料品质和新鲜度作出科学的结论，还能查出其变质的原因。理化检验比较准确可靠，但运用该法检验时必须具有相应的仪器设备和专业技术人员，且检验周期较长，需要花费一定时间后才能得出结论，故此法在烹饪行业通常使用较少，但对某些原料（如家畜肉）则必须经我国专门的检验机构检验合格后方可上市。

3. 微生物鉴定

原料品质检验的微生物指标，主要指原料中细菌总数、大肠杆菌群数、致病菌的数量与种类等。微生物鉴定主要是指利用动植物或微生物生长的实验手段，来测定原料变化程度的一种方法。如食物通过原料对小动物饲养生长情况的影响，微生物生长培育情况等方面来判断原料的品质好坏，有无毒性，有无污染等，与理化鉴定一样，需要有一定的场所和设备，检验人员需要有一定的专业技术和知识，鉴定的精确度较高，但所需时间较长，过程复杂。

三、食材品质鉴定的依据

对原料品质好坏的鉴定方法很多。但无论使用何种方法进行鉴定，都有一定的标准和要求，这个标准和要求是人们根据原料自身的性质特点及环境因素而制定的，是以原料最佳的食用点为基准要求的，主要包括以下四个方面。

1. 原料的固有品质

烹饪原料虽然种类繁多、使用形式多样，但每一种类和使用形式的原料都有其本身所具有的品质特点，因此以固有品质来衡量原料质量是极为有效的一种依据。所谓烹饪原料的固有品质是指原料本身具有的食用价值和使用价值，包括原料固有的营养、口味、质地等指标。一般来说，烹饪原料的食用价值越高，原料的品质越好；烹饪原料的使用价值越高，其适用的烹调方法就越多，菜肴就更加丰富多彩。烹饪原料的固有品质由原料的品种和产地所决定。

2. 原料的纯度

原料的纯度是指原料中所含杂质、污染物的多少和加工净度的高低。很显然，原料的纯度越高，其品质就越好。

3. 原料的成熟度

原料的成熟度是指原料的生长年龄和生长时间。不同的生长年龄和生长时间，原料的成熟度就有差异，其品质就有变化。如成熟度过低，原料中的水分含量较高而其他营养物质的含量较少，故质地虽嫩却风味不足；如成熟度过高，则质地又会变老而食用价值降低，甚至失去食用价值。

4. 原料的新鲜度

原料的新鲜度越高，原料的品质就越好。不同的原料，其新鲜度的标准是不同的。原料新鲜度的变化，一般都会通过原料的外观反映出来，通过原料外观的变化，能发现原料新鲜度变化的程度。外观的变化主要通过原料的形态、色泽、重量、质地、气味、水分等因素来判定。这是目前烹饪行业中检验原料品质的最基本的标准。

（1）形态的变化　任何原料都有一定的形态，原料越是新鲜，越能保持它原有的形态，反之就会变形。如不新鲜的蔬菜会干瘪萎蔫，不新鲜的鱼会脱刺变形。通过原料形态的变化，我们可以判断原料的新鲜度变化程度。

（2）色泽的变化　每种原料都有其本身特有的色彩和光泽。一般来讲，原料的颜色和光泽变为灰、暗、黑、斑点等不应有的色泽，当原料固有的色彩和光泽改变时，说明该原料的新鲜度已降低或已经变质。

（3）水分的变化　新鲜原料都有正常的含水量，当原料的含水量发生变化时，无论是变大还是变小，都说明原料品质有问题。对于鲜活原料而言，由于在存放过程中，原料中的水分会随着环境温度的变化而蒸发，从而使原料体积减小、重量减轻。对于干货原料而言，由于原料吸收了空气中的水分会受潮，重量和体积会增加。因此，原料水分和重量的变化要视不同情况而定，无论原料的水分和重量增大还是减少，其原料的新鲜度都会受到影响。

（4）重量的变化　就鲜活原料而言，重量的改变也能说明原料的新鲜程度。因为原料通过内部分解、水分蒸发等，都会使重量减轻。同种原料，重的是新鲜的，轻的就不新鲜。而对干货原料来说则正好相反，重量增加，表明已吸湿受潮，质量就下降了。

（5）原料的质地　主要是指原料的质感，即原料的老、嫩、韧、脆、绵和糯等方面。原料质地的变化主要是原料在存放过程中自身因素变化的结果。一般来讲，原料由嫩变老，由脆变绵，由硬变软，就证明原料的新鲜程度出现了变化。

（6）原料的气味　新鲜原料，一般都有其特有的气味，它与口味不同。一旦原料出现异味，就说明原料新鲜度降低。

课后练习题

一、单选题

1. 所谓原料的品质鉴定，就是人们利用一定的鉴定手段和方法，通过对原料固有性质特征的变化来判断原料的（　　）。

A. 种类　　B. 特点　　C. 质量　　D. 数量

2. 下列哪项不属于感官鉴定方法（　　）。

A. 视觉检验　　B. 嗅觉检验　　C. 味觉检验　　D. 理化检验

3. 利用仪器设备和化学试剂对原料的品质好坏进行判断。这种鉴别方法是（　　）。

A. 视觉检验　　B. 嗅觉检验　　C. 理化检验　　D. 味觉检验

二、判断题

1. 任何原料都有一定的形态，原料越是新鲜，越能保持它原有的形态，反之就会变形。（　　）

2. 原料的老、嫩、韧、脆、绵和糯指的是原料的味道。（　　）

三、思考题

1. 烹饪原料感官鉴定的方法有哪些？

2. 食材品质鉴定的依据是什么？

项目六

烹饪原料的贮存

原料的贮存主要是用以供应制作烹饪时随时取用，因此，原料贮存的好坏直接影响烹饪成品的质量，这是保证烹饪产品成品的重要环节。随着科学的发展，社会的进步，原料的贮存技术也越来越高，保鲜技术也越来越多。由于原料品种繁多、性质各异，因此贮存的要求也不尽相同。

一、引起原料质量变化的因素

原料质量变化的因素很多，主要有两方面：一是自身因素的影响（内因）；二是环境因素的影响（外因）。外因是变化的条件，内因是变化的根本。

1. 自身因素的变化

（1）呼吸作用　呼吸作用是生鲜蔬菜和水果在储存过程中发生的一种生理活动，植物收获后光合作用基本停止，呼吸作用就成为采后生命活动的主导过程。呼吸作用包括有氧呼吸和无氧呼吸两大类型，蔬菜和果品在储存过程中进行的呼吸作用，消耗了原料内部贮藏的营养物质（主要是糖类），降低了果蔬的营养价值。同时，由于呼吸过程中释放的大量能量均以热能的形式释放到储存环境中，使原料储存环境的温度升高，又进一步促进原料的呼吸作用，这种恶性循环，加速了原料的衰老进程，最终导致原料变质。尤其是无氧呼吸过程中产生的有些物质（如酒精），对果蔬有毒害作用，能引起果蔬的生理病害，也降低了原料的耐贮性，从而降低了果蔬的品质。

（2）后熟作用　后熟作用常指果品采收后继续成熟的过程。生长在树上的果实，常常因为受气候条件的限制，或是由于其本身成熟过程中的生物学特性，或是为了调节市场及运输中的安全等原因，在果实长到应有大小，但还未充分成熟时便采收。这时的果实糖酸比值小，味淡，果肉比较坚硬，涩味浓，口感差，有的甚至不能食用，需要放置一段时间进行自然成熟后才能加工或食用，这就是果实的后熟作用。总之，后熟作用能改善有些原料的食用品质，如香蕉、柿子、京白梨、哈密瓜、菠萝等只有经过后熟后，才具有良好的食用价值。但是，果蔬类完成后熟作用后，实际上已处于生理衰老的阶段，容易腐烂变质，较难进行储存保管。因此，该类原料应在其未完全成熟时采收，然后采取措施控制其后熟的速度，延长其后熟的时间，从而达到延长储存期的目的。

（3）发芽和抽薹　发芽和抽薹是两年或多年生植物终止休眠状态、开始新的生长时发生的系列变化。如土豆、大蒜、芦笋、洋葱、萝卜、大白菜等。休眠是蔬菜适应不利环境条件暂时停止生长的现象。一些块茎、鳞茎、球茎、根茎类蔬菜，在结束田间生长时，器官内积累了大量的营养物质，细胞原生质内部发生深刻变化，新陈代谢明显降低，生长停止而进入相对静止的状态，这就是休眠。休眠时，蔬菜生理代谢极低，组织与外界物质交换减少，营养成分变化极微，其品质的变化很小，这对保持蔬菜的食用价值和储存蔬菜都是极为有利的。休眠器官在经历一段时间后，当环境条件适宜时，又逐渐脱离休眠状态而重新发芽生长，此种现象称为萌发。

抽薹是根菜类、叶菜类、鳞茎类等蔬菜在花芽分化以后，花茎从叶丛中伸长生长的现象。发芽和抽薹时，植物细胞各种生理生化反应加剧，营养物质向生长点部位转移，而蔬菜中储存的养分大量消耗，如大白菜在贮藏中裂球抽薹而外帮脱落，洋葱结束休眠后发芽而鳞茎蔫缩，萝卜、胡萝卜发芽抽薹而肉质根变糠。所有这些都是物质转移的结果。几乎都是从作为食用部分的营养储存器官移向非食用部分的生长点。实际上这种物质转移也是食用器官的组织衰老的症状，其食用价值大大降低。

（4）蒸腾和萎蔫　蔬菜失鲜，主要就是蒸腾脱水的结果。蔬菜在贮藏中不断蒸腾脱水所引起的最明显变化就是失重和失鲜。失重即所谓“自然损耗”，包括水分和干物质两方面的损失，主要是失水，这是蔬菜贮藏中数量方面的损失。失鲜是质量方面的损失。当蒸腾失去的水分达5%时，就会引起组织萎软，失去新鲜状态。蒸腾脱水还会引起“糠心”，即细胞间隙内空气增多，组织变成乳白色海绵状。

（5）僵直和自溶　僵直和自溶是动物性原料储存过程中发生的生理生化变化。当动物被宰杀后，由于氧的供应停止了，肌肉细胞中的分解酶类在无氧的条件下，将肌肉中的糖原最终分解成乳酸，与此同时，肉中的三磷酸腺苷也逐渐减少，由于这些生物化学变化的进行，肉纤维紧缩，从而使肌肉呈僵硬状态，这种现象称为肉的僵直。僵直阶段的肉，弹性差，无鲜肉的自然气味，烹调时不易煮烂。由于该阶段肉中构成风味的成分还没有完全产生，故烹调后的风味也很差。因此，僵直期不是肉的最佳烹调期。在自然温度的条件下，僵直的肉在细胞内酶的作用下，会引起乳酸、糖元、呈味物质之间的变化，使原有僵直状态的肉变得柔软而且有弹性，表面微干，带有鲜肉的自然气味，这时的肉味鲜而易烹调，而这种变化称之为肉的成熟。当肉的成熟作用完成后，肉中的生化变化就转向自溶。自溶是腐败的前奏。在溶解酶的作用下，肉类发生自体溶解，其结果使肉中所含的复杂有机化合物进一步水解为分子量比较低的小分子物质，使肉带有令人不愉快的气味，肉的组织结构也变得松散，同时由于空气中的氧气与肉中肌红蛋白和血红蛋白相互作用，使肉色发暗。处于自溶阶段的肉，虽尚可食用，但其品质已大大降低。当该阶段的肉被微生物污染后，则很容易发生腐败作用。

2. 环境因素的变化

原料在贮存过程中，由于存放的环境不同，其所受的影响也不一样。因此，外部环境很重要。

（1）物理方面

①温度：温度是影响烹饪原料储存性能的重要因素。温度升高，可加速原料内部各种成分的化学变化。如温度升高可提高各种酶的活性，使酶的分解能力加强，促进蛋白质、脂肪和其他组织成分的分解作用，使原料产生各种小分子化合物，造成营养物质和风味物质的流失；温度升高也会加速微生物生长繁殖的速度，从而加速原料的质量下降；此外温度升高还可影响氧化作用的发生。

②湿度：合理的湿度能延长原料的贮存时间。湿度过大，会使干货原料吸湿受潮、结块、变色，从而霉变，给细菌等微生物提供生长繁殖条件。湿度过低，会使新鲜原料的水分蒸发，从而影响到原料质量。

③日光：日光的照射会加速原料的变化，长时间的日光照射还会使温度升高，导致脂肪的酸败、蔬菜的发芽等。同时，日光照射还会影响到营养成分的变化、色泽的变化及口味、质地的变化。

④空气：大部分原料是置于空气中贮存。有些原料在与空气的接触过程中会产生氧化分解。另外，有些原料还会吸收空气中的异味，从而受到污染。

（2）化学方面　主要是指原料在贮存过程中，一些化学物质对原料的污染。如一些金属容器会促进酶的作用，一些塑料制品在高温下会产生有毒成分，一些挥发性化学物品的交叉污染等，从而影响到人体的健康。因此，贮存过程中，要注意使用一些化学试剂以及盛装容器等，以防止污染。

（3）生物学方面

①微生物影响：微生物主要指霉菌、某些细菌和酵母菌，这些微生物对原料的影响很大。这些微生物在合适的温度、湿度、pH等条件下，活性很强，生长繁殖迅速，能迅速加快原料的腐败变质。

②虫类的影响：鼠、蝇、虫、蚊等因素对原料的侵害性也比较大。原料在贮存过程中极易受到虫类的侵害。原料受到虫类的侵害，其外观、形态、重量、质量都会发生变化，有些还会传播疾病，如老鼠、苍蝇等。

二、烹饪原料的贮存方法

烹饪原料的贮存是指根据烹饪原料品质变化的规律，而采取相应的方法来延缓原料的品质变化，使其保持一种最佳的食用状态。原料的贮存方法很多，传统的方法有腌渍、干燥和加热等，现代科学技术的发展，出现低温贮存法、气调贮存法等新方法。

1. 低温贮存法

低温贮存法是指利用低温（一般在15℃以下）环境来控制微生物生长繁殖、酶活动及其他非酶变质因素，从而贮存原料的方法。此法应用普遍，方便安全，大部分动、植物原料的贮存均采用此法。

环境的温度对原料的影响很大。一般来说，在一定的温度范围内温度越高，原料变化越快；温度越低，原料劣变的过程越慢。这是由于原料在低温下，第一是能够抑制原料中酶的活性，第二是抑制微生物的生长繁殖活动。从而延缓了原料的贮存时间，保持了原料的新鲜程度。同时，低温状态下，还延缓了原料中所含的各种化学成分的变化，保证了原料的色、香、味等品质，也降低了原料中水分的蒸发，减少了原料的水分损耗。

根据温度不同，可分为冷藏贮存和冷冻贮存。

冷藏贮存也称为冷却贮存，是将原料贮存于0～4℃的环境中，主要适合于蔬菜、水果、鲜蛋、牛奶等原料的贮藏以及鲜肉、鲜鱼的短时间贮存。冷藏的原料一般不发生冻结的现象，因而能较好地保持原料的风味品质。但是在这一温度下，嗜冷微生物仍能生长繁殖，且原料中酶的活性并没有在空气中停止，贮存期不太长，一般为数天或数周不等。

冷冻贮存又称冻结贮存，是将原料置于0℃以下的环境中，此种方法一般适用于新鲜的动物性原料，冷冻贮存中，由于原料中大部分的水结成冰，减少了原料中游离水的含量，降低了水分活度，同时低温又有效地抑制了原料中酶的活性和微生物的生长繁殖，甚至长时间的冷冻还能造成部分微生物死亡，所以冷冻贮存的原料有较长的贮存期。

冷冻贮存有两种方法：一种是快速冷冻；一种是慢速冷冻。

快速冷冻是将原料置于较低的温度下（一般在-20℃以下）快速冻结的一种方法。这种方法因冷冻速度快，原料细胞内和细胞间能同时形成许多小的冰块，而周围细胞膜损伤较少，解冻后，融化的水分仍保留在细胞组织内外，易使细胞恢复原状，因此营养成分损失较少，能比较好地保留原料的风味品质。

慢速冷冻是把温度逐渐降低至0℃以下，这种方法容易使原料出现脱水现象，解冻后，会失去原料的风味品质。无论是快速冷冻还是慢速冷冻，原料在贮存过程中都会失去一定水分，也会使原料的风味、色泽、营养成分及外观发生变化。

2. 高温贮存法

高温贮存法是通过加热对原料进行贮存的方法，此法适用于大部分动、植物性原料的贮存。原料经过加热处理后，绝大多数微生物被杀死，细胞中的酶也会因加热而失去活性，原料自身的新陈代谢终止，原料经加热处理后还需及时冷却并密封，以防止温度过高后微生物的二次污染而造成原料的变质。高温贮存法，根据加热温度的高低，主要有高温杀菌法和巴氏消毒法。

（1）高温杀菌法　高温杀菌法是指利用高温对原料加热（一般为100～121℃）杀死

原料中微生物，破坏酶的活性，从而取得贮存效果的一种方法。一般情况下，多数腐败菌和病原菌在70～80℃条件下经过20～30分钟的加热可杀死，但是已经形成孢子的细菌，因耐热性增强，须在100℃条件下经30分钟或更长时间才能杀死。又可分为高温短时间杀菌法和超高温瞬间杀菌法。

①高温短时间杀菌法：通常杀菌温度为72～75℃，加热15～16秒，或在80～85℃条件下，加热10～15秒。该法适合于大规模连续化操作的要求，是目前采用较多的一种热杀菌方法。

②超高温瞬间杀菌法：杀菌温度提高到135～150℃，加热时间极短，通常在10秒内。由于加热时间短，因此与其他的热处理方法相比，它能更有效地保持食品的营养成分。

（2）巴氏消毒法　由法国生物学家巴斯德发明，指在60℃温度下加热30分钟杀死有害微生物的方法。

3. 干燥贮存法

干燥贮存法又称脱水贮存法，是指经过晒、晾、烘等方法将原料中的大部分水分去掉，从而保持原料品质的一种方法。此法适用于大部分动、植物性原料的贮存。在过去保鲜技术不高明的情况下，很多名贵原料均采用这种方法，原料干制后，原料水分减少，原料细胞中的糖、酸、蛋白质等内含物的浓度升高，渗透压增大，使微生物的生长和繁殖受阻。原料中酶的活性减弱，新陈代谢速率下降，使原料变质的速度减慢。

由于干燥的方法不同，干燥贮存法可分为自然干燥和人工干燥两大类。

自然干燥是利用自然界中的能量去除原料中的水分，如日晒、风晾等。此种方法成本低，但干燥时间长，易受污染。人工干燥是借助一些设备，利用热风、蒸汽、减压、冻结等方法除去原料中的水分，如奶粉、蛋粉等。此种方法时间短、不受天气影响、无污染，但加工成本较高。

4. 密封贮存法

密封贮存法也称隔绝空气法，是指将原料严密封闭于一定的容器中，使其和空气、日光隔绝而贮存的一种方法。此方法主要是使原料隔绝空气，防止原料被污染和氧化，同时对嗜氧微生物有一定的抑制作用。

5. 盐腌贮存法

盐腌贮存法是利用食盐腌渍食物。此种方法是利用食盐的渗透性产生高渗透压，降低水分活性的作用，使微生物脱水而发生质壁分离、蛋白质变性，使微生物难以生长繁殖，同时抑制了原料中酶的活性，从而达到贮存的目的，此种方法适用于猪肉、板鸭、火腿、咸蛋、咸鱼、咸肉等。盐腌的原料由于食盐的浓度不同，贮存原料的效果也不同，不同微生物对各种盐浓度的抵抗力也不同。一般来说，5%的食盐溶液可抑制一般腐败菌的活动；10%以上的食盐浓度可保持原料不致腐败。

6. 糖渍贮存法

糖渍贮存法是利用食糖来腌渍食物。一般来讲，糖浓度达50%以上就可以抑制微生物的生长繁殖，但在酵母、霉菌中存在着“耐糖”种类，应引起注意。经过糖渍的品种，贮存效果好，且能产生特殊的风味，改善原料的品质。

7. 酸渍贮存法

酸渍贮存法是指将原料浸泡在醋等有机酸中加以贮存的方法。此种方法是利用提高原料贮存环境中的氢离子浓度，从而抑制微生物生长繁殖，此种方法主要适用于植物性原料。酸渍贮存法有两种情况：一种是在原料中加入一定量的醋，利用醋中的醋酸来降低pH，如醋蒜等；另一种是利用乳酸菌发酵形成乳酸来降低pH，如泡菜等。

8. 烟熏贮存法

烟熏贮存法是在腌制的基础上，利用木屑不完全燃烧时所产生的烟气来熏制原料的方法，其主要适用于动物性原料的加工。少数植物性原料也适用。由于烟熏时加热减少了原料内部的水分，同时温度升高也能有效地杀死细菌，降低微生物的数量，而且烟熏时的烟气中含有酚类、醇类、有机酸类、羰基化合物和烃类等具有防腐作用的化学物质，故烟熏具有较好的贮存原料的效果。

9. 气调贮存法

气调贮存法是通过改变原料贮存环境中的气体组成成分而达到贮存原料目的的方法，此法多用于水果、蔬菜、粮食的贮存，近年来也开始用于肉类、鱼类及鲜蛋等多种原料的贮存。在适宜的低温下，改变原料贮存库或包装袋中正常空气的组成降低氧气的含量，增加二氧化碳或氮气的含量，可以减弱鲜活原料的呼吸强度，抑制微生物的生长繁殖和食品原料中化学成分的变化，从而达到延长原料的贮存期和提高贮存效果的目的。

10. 保鲜剂贮存法

保鲜剂贮存法是指在原料中加入具有保鲜作用的化学试剂来延长原料贮存时间的一种方法。贮存中常用的保鲜剂有防腐剂、抗氧化剂、脱氧剂等。

（1）防腐剂　目前，以合成有机防腐剂在生产中使用最为广泛，防腐剂中常用的化学物质有苯甲酸、苯甲酸钠、山梨酸钾、二氧化硫、焦亚硫酸钠、焦亚硫酸钾、丙酸钠、丙酸钙等。

（2）抗氧化剂　食品贮存过程中，还常常加入一些防止食品氧化的化学物质，从而防止和减弱空气中氧与原料中的一些物质发生氧化还原反应，这些物质就是抗氧化剂。常用的抗氧化剂有丁基羟基茴香醚、二丁基羟基对甲酚、没食子酸甲酯、抗坏血酸等。

（3）脱氧剂　脱氧剂又称游离氧吸收剂，它具有吸除氧的功能。在原料中加入脱氧剂，能吸除原料周围的游离氧和原料中的氧，形成稳定的化合物，防止原料氧化变质，从而达到贮存目的。常用的脱氧剂有二亚硫酸钠、碱性糖制剂等。

11. 活养法

动物性原料有很多采用活养的方法，这种方法，最大限度地保持了原料的新鲜程度，同时也会使原料质量提高。如有些鱼类、河蚌、蟹、泥鳅等，经过一段时间活养后，可使其清洁，泥土味消失，味道更加鲜美。

综上所述，原料贮存的方法很多，但在不同时间、不同地域要根据不同原料的性质，选择合理的贮存方法，最大限度地保持原料的新鲜程度，使原料处于最佳食用状态。

课后练习题

一、单选题

1. 下列哪项不属于原料自身因素的变化（　　）。

A. 呼吸作用　　B. 后熟作用　　C. 僵直和自溶　　D. 初熟处理

2. 糖渍贮存法是利用食糖来腌渍食物。一般来讲，糖浓度达（　　）以上就可以抑制微生物的生长繁殖。

A. 20%　　B. 50%　　C. 10%　　D. 35%

3. 下列哪项不属于环境因素变化中的物理方面的变化（　　）。

A. 温度　　B. 湿度　　C. 光线　　D. 微生物作用

二、判断题

1. 气调贮存法是通过改变原料贮存环境中的气体组成成分而达到贮存原料目的的方法，此法多用于水果、蔬菜、粮食的贮存。（　　）

2. 盐腌贮存法是利用食盐腌渍食物。此种方法是利用食盐的渗透性产生高渗透压，提高水分活性的作用，使微生物脱水而发生质壁分离、蛋白质变性，使微生物难以生长繁殖。（　　）

3. 密封贮存法也称隔绝空气法，是指将原料严密封闭于一定的容器中，使其和空气、日光隔绝而贮存的一种方法。(　　)

三、思考题

1. 引起原料质量变化的自身因素有哪些?
2. 引起原料质量变化的外在因素有哪些?
3. 烹饪原料的贮存方法有哪些?

模块二

湖湘植物性特色食材

模块导读

湖湘植物性特色食材是指可供食用的粮食、蔬菜、豆类、果品、山珍以及加工性制品的总和。它在湘菜烹饪原料中所占的比例比较大，是我们餐桌上不可缺少的烹饪原料之一。湖湘植物性特色食材品种丰富，湖湘的水稻有1200多个品种，旱粮有500多个品种。湖湘蔬菜共13大类，近1000个品种。湖湘豆类有近400个品种。湖湘果品有500多个品种。

学习目标

1. 了解湖南各地州市植物性特色食材的分类
2. 熟悉湖南各地州市植物性特色食材的特色、产地、营养价值、保管方法和上市季节
3. 具有鉴别各地州市植物性特色食材选用标准的能力
4. 了解各地州市植物性特色食材在湘菜烹饪中的应用

学习准备

在日常生活中各位同学都接触了一些常见的植物性原料，了解他们的大概特点，但对湖湘植物性特色食材的特色及烹饪应用了解较少。需要通过网络了解湖湘各地州市植物性特色食材的特色及烹饪应用；各位同学来自不同地方，需对各自地方的特色食材进行考察学习，相互交流，便于在学习中能够灵活运用。

项目一

蔬菜类特色食材

任务1　蔬菜类特色食材概述

一、任务驱动

1. 湖湘蔬菜类特色食材的概念

2. 湖湘蔬菜类特色食材的分类

本任务主要是学习湖湘蔬菜类特色食材的基础知识，通过教师的讲授、演示、实物（图片）展示，要求能够掌握湖湘蔬菜类原料的品质特点、分类等，以及蔬菜类原料在烹饪中的应用。

二、知识链接

（一）湖湘蔬菜类特色食材的概念及分类

湖湘蔬菜类特色食材是指可以用来制作菜肴和馅料的草本植物及部分木本植物的总和。

湖湘蔬菜类特色食材品种丰富，有近1000个品种。常见的有十字花科、伞形科、茄科、葫芦科、豆科、百合科、菊科、藜科等。湖湘蔬菜类特色食材在全省均有分布，尤其是辣椒产量大，特色鲜明。代表性辣椒品种和产地有长沙的东山辣椒、衡阳的衡东三樟黄辣椒、隆回辣椒、岳阳的樟树港辣椒、城步香辣椒、陶岭三味辣椒、江华芙蓉珍珠椒、永丰灯笼椒等。

（二）湖湘蔬菜类特色食材的营养成分

湖湘蔬菜类特色食材是湖湘人日常生活中最常见又必不可少的食物，也是湘菜最重要的烹饪原料。可提供人体所必需的多种维生素和矿物质等营养物质（表2-1）。

表2-1　湖湘蔬菜类特色食材营养成分

蛋白质	蔬菜中的蛋白质含量较低，但野菜的蛋白质含量稍高于蔬菜，如龙牙百合和津市藠果含蛋白质稍高
脂肪	蔬菜中的脂肪含量很低，主要存在于一些蔬菜的果实中，如湖南的茶果、寒菌、菜籽等。蔬菜的脂肪不饱和脂肪酸较多，人体较容易吸收

续表

碳水化合物	蔬菜中所含的碳水化合物主要有淀粉和纤维素，块茎类的蔬菜中含淀粉较多，是人体所需热量的来源；地上茎及叶菜类中纤维素较多，纤维素能促进人体肠胃的蠕动，有助于人体的消化和吸收
维生素	蔬菜是人体获得维生素的重要来源，蔬菜中维生素除维生素A和维生素D外，其他维生素都广泛存在。其中最突出的是维生素C和胡萝卜素，含量十分丰富，维生素对维持人体的生理机能有重要作用
矿物质	蔬菜是人体所需矿物质的重要来源之一，蔬菜中含有丰富的钙、磷、铁、钾、钠、镁、锌、铜等，这些矿物质是组成人体的各种组织的重要组成部分，对维持人体的渗透压、调节人体的酸碱平衡及人体的各种生理机能有重要作用
水分	蔬菜中含有大量的水分，是形成蔬菜脆嫩的主要因素，但因为水分含量大，在贮存的过程中容易腐烂
有机酸	蔬菜中含有许多有机酸，如番茄含有大量的柠檬酸及少量的苹果酸等，因此蔬菜具有一定的酸味
挥发性物质	蔬菜中还含有多种挥发性物质，如葱、姜、蒜、辣椒等的辛辣味；芹菜、香菜的辛香味，这些都是由挥发性物质引起的
色素	蔬菜中还含有大量的色素，如叶菜类中的叶绿素、胡萝卜中的胡萝卜素、番茄中的番茄红素等

（三）湖湘蔬菜类特色食材在烹饪中的应用

湖湘蔬菜类特色食材在烹饪中有着广泛的运用。

（1）可作为制作菜肴的主料　如富里茄子、湘潭矮脚白、祁东槟榔芋、雪峰山鱼腥草等。

（2）可作为制作菜肴的配料　如银丝鲫鱼、辣椒炒肉、荞头鱿鱼丝等。

（3）可作为糕点、小吃制作过程中的馅心原料　如青菜、萝卜、芹菜、荠菜、雪里蕻、香菇、木耳等，都可用于多种糕点、小吃馅心的制作，成品有萝卜丝酥饼、韭菜盒子、芹菜牛肉水饺、荠菜春卷等。

（4）可作为食品雕刻的重要原料　如冬瓜、南瓜、萝卜、槟榔芋等。

（5）可作为菜点装饰、配色和点缀的原料　蔬菜具有丰富的色彩，多样的质感，可用于菜肴的围边、垫底、拼衬、填充等，使菜肴形色俱佳，起到美化菜肴，烘托主题的作用。

（6）可用于腌渍、干制、糖渍等多种加工方式　制作各种酸菜、咸菜、干菜、蔬菜蜜饯等。

任务2　蔬菜类特色食材的特点及烹饪应用

一、任务驱动

1. 湖湘蔬菜类特色食材各自有何特点?
2. 如何鉴别各地州市特色蔬菜?
3. 不同蔬菜类特色食材在烹饪中如何运用?

二、知识链接

本任务主要是学习湖南各地州市蔬菜食材的特色及产地，通过教师的讲授、实物（图片）展示，要求学生能够掌握特色蔬菜食材的特点及选用标准，熟悉特色蔬菜食材在烹饪中的应用。

1. 东山辣椒

简介	东山辣椒有200多年的种植历史，形如机关枪子弹，皮滑肉厚，甘脆微辣，打霜以后采摘，是制作优良剁辣椒的绝佳原料
产地	主产于长沙市黎托东山一带

烹饪应用	适用于炒、蒸、煎等多种烹调方法。既可作为主料，如虎皮辣椒、豆豉炒辣椒，又可作为配料，代表菜肴如辣椒炒肉、青椒焖豆腐等，也可加工成辣椒制品，如剁辣椒、白辣椒、泡辣椒等		
营养价值	富含维生素C、胡萝卜素以及钙、铁等矿物质元素。具有带动胃肠蠕动，促进唾液分泌，增强食欲，促进消化的功效		
选用标准	以个体大、色正美观、无损伤、无虫蛀者为佳		
保管方式	低温贮存法	上市季节	秋季

2. 樟树港辣椒

简介	樟树港辣椒是湘阴县樟树镇区域性特色农产品，辣椒果实辣味适合大众口味，前期微辣香甜，中期中辣香脆，后期辣而有香，味纯不涩，椒香浓烈且明显高于其他品种，清炒时皮肉不分离，清脆柔软，独具清香，口感佳，品质优良
产地	主产于岳阳市湘阴县樟树镇文谊新村、龙家新村、柳庄村、兴源村、祥源村、柏金港村、金台山村、樟树港社区共计8个村（社区）

烹饪应用	烹饪中可作主料也可作配料，适用于炒、爆、熘等烹调方法，代表菜肴如水煮樟树港辣椒、樟树港辣椒炒宁乡花猪肉、擂樟树港辣椒等；可以泡制、腌制小菜，如泡辣椒、腌辣椒等		
营养价值	含钾、辣椒素、二氢辣椒素等多种营养物质，此外还富含膳食纤维、抗坏血酸等。具有缓解疼痛、健胃消食、预防胆结石的功效		
选用标准	以呈羊角形，青果浅绿色，熟果暗红色，有纵棱和皱褶，长5～8厘米，柄偏短者为佳		
保管方式	常温保存法、脱水保管法	上市季节	春栽辣椒4月中下旬上市，露地春栽辣椒5月中旬上市

3. 衡东三樟黄辣椒

简介	衡东三樟黄辣椒有1800多年的种植历史，种植地属于湘江泥沙淤积形成的特殊砂质土壤，所以使本地产的辣椒具有肉厚、皮薄、爽脆、香甜、色艳、椒形小等品质特征。衡东三樟黄辣椒成熟后通体呈金黄色，为辣椒中的极品，被赐为"贡椒"，衡东县具有中国黄椒第一乡的美称，曾获第二届中国国际辣椒产业博览会金奖
产地	主产于衡阳市衡东县

烹饪应用	烹饪中主要作为调配料，适用于炒、爆、熘等烹饪方法，代表菜肴如黄辣椒炒肉、擂辣椒等，也可制成加工调味制品，如黄贡椒辣椒酱等；可以泡制、腌制小菜，如泡辣椒、腌辣椒等		
营养价值	富含大量的维生素C和矿物质，经常食用有降血脂、降血压、缓解糖尿病等功效		
选用标准	以通体呈金黄色，大小均匀整齐，辣椒周正，成熟度适宜，肉厚味脆，质地脆嫩多汁，无损伤及病虫害，无腐烂者为佳		
保管方式	低温保管法	上市季节	夏秋季

4. 永丰灯笼椒

简介	永丰灯笼椒因其形如灯笼，具有个大肉厚而蓬松，籽粒细小，颜色各异，其味略甜而辣等特点
产地	主产于娄底市双峰县永丰镇

烹饪应用	灯笼椒可做沙拉或菜肴，代表菜肴如烤灯笼椒、羊奶芝士沙律、三色灯笼椒炒鱿鱼须、豆腐酿彩椒、海鲜甜椒沙拉等，因其形状美观色彩鲜艳也可用作观赏		
营养价值	富含蛋白质、碳水化合物、胡萝卜素及钙、磷、铁等营养素，具有促进肠道蠕动，提高食欲，祛风散寒的功效，此外辣椒中含有丰富的维生素C，不仅能够增强人体免疫力，而且还能够促进体内胆固醇的分解，预防胆结石等症状		
选用标准	以个体大小均匀，完整，外表鲜艳有光泽，无病虫害，新鲜，脆嫩者为佳		
保管方式	冷藏法	上市季节	夏秋季节

5. 隆回辣椒

简介	隆回县的气候非常适合种植辣椒，辣椒种类繁多，产量高。隆回辣椒为本县传统产品，是隆回三辣之一。据《隆回县志》载，1949年的播种面积已达2500亩，产干辣椒150吨。传统品种为朝天椒，植株较高，耐旱性强，叶长卵形，果梗向上，辛辣味浓
产地	邵阳市隆回县全境，主产桃洪镇、山界回族乡、北山乡

烹饪应用	鲜辣椒可作主料、配料，适用于炒、爆、熘等烹调方法；也可加工成多种调味品，如辣椒酱、辣椒油、辣椒粉等，辣椒还可以泡制、腌制成小菜		
营养价值	维生素C含量居蔬菜之首，B族维生素、胡萝卜素及钙、铁等矿物质含量也较丰富		
选用标准	以大小均匀无虫害，果实表皮光滑，鲜红，细长形，种籽较多者为佳		
保管方式	脱水保管法、冷藏法	上市季节	夏秋季

6. 陶岭三味辣椒

简介	新田陶岭三味辣椒，其鲜椒肉质厚、色艳红，干椒透明透亮，表面可以看到里面的籽粒，椒尖带甜味，椒身是辣味，椒蒂含果香味，具有甜、香、辣三种滋味，被誉为“三味辣椒”。《新田县志》记载在陶岭一带种植辣椒已有300多年历史，明清时期曾为贡品，现已是国家地理标志保护产品
产地	主产于永州市新田县陶岭乡仁干村、门背村、楼下村、东山岭村、刘河村、上马塘村、樟美村、富上村、李家村、田美坊村、田心村、牛塘村、石塘村、泥龙头村、胡头村、大村16个行政村现辖行政区域
烹饪应用	既可作为主料，也可作配料，适用于炒、煎、炸等多种烹调方法。如虎皮辣椒、三味辣椒炒肉、豆豉辣椒等，也可加工成辣椒制品，如剁辣椒、白辣椒、泡辣椒等
营养价值	富含维生素C、B族维生素、胡萝卜素以及钙、铁等矿物质元素。具有带动胃肠蠕动，促进唾液分泌，增强食欲，促进消化的功效。用辣椒和生姜熬水喝，可去汗发表，还可治感冒和风湿性关节炎等疾病
选用标准	鲜椒以肉质肥厚、色泽红艳者为佳，干椒以透明透亮，无破损者为佳

保管方式	常温贮存法、冷藏法	上市季节	夏秋季

7. 江华芙蓉珍珠椒

简介	江华芙蓉珍珠椒独产于土质、气候独特的萌渚岭下数千亩土地上，椒果鲜艳美观，形似珍珠，肉厚香脆微辣，入口甘香、甜、微辣，风味独特，属于辣椒中的珍品。其制品江华牌芙蓉珍珠椒保持了其天然风味，集甜、酸、咸、辣于一体，回味绵长，具有生津健胃、增进食欲之功能。先后荣获“国内新产品”称号和“第五届中国新技术新产品博览会”金奖
产地	主产于永州市江华县
烹饪应用	既可作为主料，也可作配料，适用于炒、煎、炸等多种烹调方法，也可加工成辣椒制品，如剁辣椒、白辣椒、泡辣椒等
营养价值	富含多种维生素、矿物质、糖类、氨基酸、粗脂肪等微量元素。具有生津健胃、增进食欲、消除疲劳、促进新陈代谢、增强智力、醒脑减肥、强身抗衰老之功效
选用标准	以果实形似番茄，珍珠闪烁，肉厚香脆，味酸甜辣者为佳

保管方式	冷藏法、脱水保管法	上市季节	夏秋季

8. 雪里蕻

简介	雪里蕻又名排冬菜、鲜雪里蕻，是十字花科，芸薹属芥菜的栽培变种，在冬季采收加工而得名。雪里蕻喜欢阴凉气候，生长适宜温度为15～20℃，高于25℃或低于15℃会造成生长缓慢，雪里蕻在阳光充足条件下生长良好迅速，低温和长日照有利于花芽成形
产地	湖南各州市

烹饪应用	将鲜雪里蕻采用盐水腌制的加工方法，可以作为菜肴的主料、配料、馅心和小菜的原料。主要适用于炒的烹调方法，菜肴有清炒雪里蕻、雪里蕻炒肉末等		
营养价值	雪里蕻含有水分、蛋白质、脂肪、维生素、碳水化合物和维生素等多种营养物质。具有解毒消肿，利尿止泻、祛风散血、开胃消食，温中理气等功效		
选用标准	以鲜嫩清洁，叶片形状端正肥厚，无烂叶、黄叶、老梗，大小均匀，无损伤及病虫害，无烂根及无泥土者为佳		
保管方式	窖藏法、低温保管法	上市季节	冬季

9. 九华红菜薹

简介	九华红菜薹又名“紫菜薹”，植株生长旺盛，单薹重约30克，根系浅，须根发达；平均株高50～55厘米；叶片全缘卵圆形，光亮无毛，叶柄细长，叶柄和叶脉深紫红色，色泽艳丽，口感清爽甜脆，多汁。湘潭栽培蔬菜历史悠久，九华红菜薹在唐代就是向朝廷进贡的土特产，被封为“金殿玉菜”。2017年，九华红菜薹成为全国农产品地理标志
产地	主产于湘潭市所辖响水乡、易俗河镇、鹤岭镇、姜畲镇、射埠镇、杨家桥镇、银田镇、韶山乡等乡镇

烹饪应用	在烹饪中以旺火急炒烹调为主，代表菜肴如清炒红菜薹、腊肉炒菜薹等
营养价值	富含较丰富的维生素及矿物质，还含有较多的膳食纤维。具有补充人体维生素，防治便秘，利于减肥的功效
选用标准	以新鲜，水分足，菜薹粗壮，紫红色，外表光亮者为佳

保管方式	低温保管法	上市季节	冬春季

10. 湘潭矮脚白

简介	湘潭矮脚白，因其白茎短矮而得名，具有耐热、抗寒、抗霜的能力，是湘潭本地优良的农家土种白菜品种。湘潭矮脚白种植历史悠久，在明末已有文字记载，中国画坛一代宗师齐白石曾有“一日无白菜不欢”之语。他曾说：“牡丹为花之王，荔枝为果之王，独不以白菜为菜之王，何也？”齐白石所描述的白菜，正是湘潭特有的矮脚白。2017年，湘潭矮脚白正式成为全国农产品地理标志

产地	主产于湘潭市所辖响水乡、鹤岭镇、姜畲镇、荷塘乡、射埠镇、杨家桥镇、易俗河镇、银田镇、韶山乡等		
烹饪应用	湘潭人用白豆腐煮矮脚白，食用口感细嫩、脆滑、清甜，但多以清炒为主，或是用猪油炒湘潭矮脚白心，脂香清甜，爽滑多汁，成为餐桌必上蔬菜，或是用剁辣椒炒白菜梗，清脆爽口，酸辣开胃，别有一番风味		
营养价值	含有多种维生素及矿物质，还含有较多的膳食纤维。有养胃消食、清热解渴的功效		
选用标准	以无黄叶、无烂叶、外形整齐，不带有须根与泥土，无病虫害与机械损伤，口感嫩、甘甜、叶多帮少者为佳		
保管方式	窖藏法、低温冷藏法	上市季节	秋冬季

11. 富里茄子

简介	富里茄子是株洲市醴陵市富里镇的特色农产品，具有色鲜味美、皮薄肉嫩、耐湿、耐低温寡照等特点。富里茄子是湖南乃至长江流域上市最早的茄子品种之一，所产茄子除满足本地市场外，远销长株潭及省内外市场
产地	主产于湖南省株洲市醴陵市富里镇

烹饪应用	适宜烧、蒸、炸、煎、炒等多种烹调方法，一般加工成片、条、块等形状，适用多种味型。代表菜肴有青椒炒茄子、蒜蓉蒸茄子、红烧茄子、香煎茄子、油焖茄子等
营养价值	富含多种矿物元素和维生素，尤以钙、维生素E、维生素P含量较高，有活血化瘀、清热消肿、宽肠等功效
选用标准	以形状周正、无裂口、不锈皮、皮薄子少、肉厚细嫩、老嫩适度者为佳

保管方式	低温保管法	上市季节	夏季大量应市，上市时间一般在4月上中旬

12. 衡山早白薯

简介	衡山早白薯最先来源于湖南省普遍栽培的脚板薯，学名叫扁白薯。衡山早白薯具有耐贮藏、抗病虫能力较强、产量高、品种块茎较整齐、表面光滑、煮食汁浓味甜等特点。2009年衡山早白薯被湖南省农作物品种审定委员会确定为“湖南省非主要农作物新品种”
产地	主产于衡阳市衡山县

烹任应用	衡山早白薯可作为主食，一般不生食，适用于炒、炸、蒸、拔丝等多种烹调方法，代表菜肴如拔丝白薯、白薯烧肉、白薯炖五花肉、清炒白薯等，可加工成白薯片和白薯淀粉		
营养价值	白薯中含有多种维生素和不饱和脂肪酸，大量的胶原、黏多糖物质及纤维素，能够预防心脑血管疾病，保持动脉血管的弹性，在肠内吸附大量水分，起到预防便秘的效果		
选用标准	以肉质细，多粉，黏液较少，个头大，饱满，色正，无杂质，无虫害，无污染者为佳		
保管方式	干燥保管法、密封保管法、通风保管法	上市季节	夏季6～7月

13. 祁东槟榔芋

简介	祁东槟榔芋又名香芋，形似椭圆，品种外皮粗糙，剖而观之，内呈槟榔纹，故又名“槟榔芋”。祁东槟榔芋栽培历史悠久，清康熙年间，祁东香芋就驰名天下，被列为皇家贡品。具有味香浓郁、淀粉含量高、芋肉粉白相间的特点。销往全国各地及新加坡、法国、日本等地
产地	主产于衡阳市祁东县

烹任应用	多用于制作菜肴、点心的原料，适用于炸、煮、蒸、炒等多种烹调方法，代表菜肴如清炒香芋丝、香芋蒸排骨、香芋扣肉等，其中“香芋蒸排骨”成为湖南餐饮酒店中最常见的湘菜预制菜品种，也可加工成芋兰片、芋丝等副食品
营养价值	富含粗蛋白、淀粉、多种维生素和无机盐等多种成分。具有健脾益肾、补气养神的功效
选用标准	以淀粉含量高，肉质松软，香味浓郁，耐储存者为佳

保管方式	窖藏法、密封保管法、低温保管法	上市季节	秋季

14. 祁东黄花菜

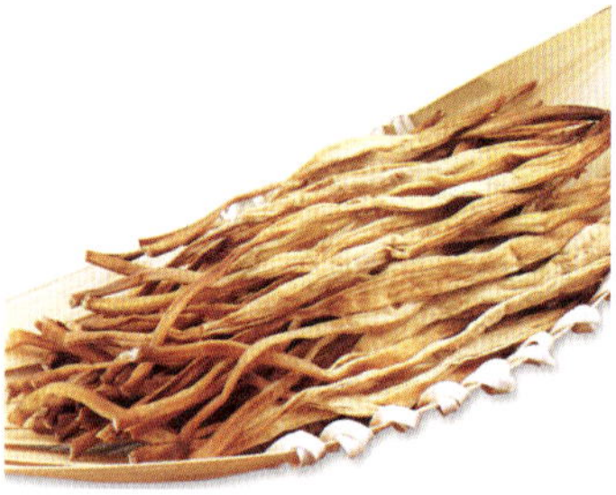

简介	黄花菜又名金针菜、忘忧草、萱草，是祁东县经济的支柱产业，已有500多年的种植历史，清朝年间作为地方贡品向朝廷进贡。祁东黄花菜具有根条大、上市时间早、产量大、货源充足、质量均匀的特点，2015年成为国家地理标志保护产品
产地	主产于衡阳市祁东县
烹饪应用	可以凉拌、做汤，或作馅心。在烹饪中适用于凉拌、炖、炒等多种烹调方法，当地人喜欢与豆皮丝、粉丝、胡萝卜丝、肉丝合炒，鲜香滑嫩，称之“合菜”，其他菜肴还有凉拌黄花菜、黄花菜炖土鸡等
营养价值	富含糖分、蛋白质、维生素C、钙、脂肪、胡萝卜素、氨基酸等营养素。具有清热、利湿、利尿、健胃消食、明目、安神、止血、通乳、消肿等功效
选用标准	以花球及茎色泽新鲜清洁、坚实、肉厚、质细嫩、无损伤及病虫害、无腐烂、无泥土者为佳

保管方式	低温保管法、脱水保管法、密封保管法	上市季节	夏季

15. 桑植萝卜

简介	桑植萝卜在桑植县种植历史悠久，肉质光滑雪白，无糠心，汁多味甜，食用、药用功效显著，被誉为“高山深处的鲜人参”。据《桑植县志》记载：“明末清初，为萝卜栽培盛期。清末，萝卜生产逐渐衰落，民国时期有所发展，白石为全县主要蔬菜产区之一”
产地	主产于湖南省张家界市桑植县白石乡
烹饪应用	可生吃，适用于拌、腌等烹调方法；可熟食，适用于烧、炖、煮等烹调方法，以及糕点小吃的馅料。萝卜还是食品雕刻的重要原料，可用于菜点以及刺身拼盘的装饰和点缀。在当地，桑植萝卜被加工制作成酸萝卜，口感甜辣、脆爽，深受人们喜爱
营养价值	新鲜萝卜富含维生素C，糖分和矿物质，还含有淀粉酶和芥子油。有助于消化，能促进胃肠蠕动，增加食欲，有止咳化痰，通气运气的功能
选用标准	以皮薄、质白、汁多、香甜、个体大小均匀、完整、无病虫害、无糠心、黑心和抽薹现象、新鲜脆嫩、无苦味、质脆者为佳

保管方式	窖藏法、低温保管法	上市季节	秋季居多

16. 龙牙百合

简介	龙牙百合属于多年生球根类草本植物。种植历史可追溯至宋朝，邵阳乡土志载称，“百合邵阳出者，特大而肥美”。隆回龙牙百合以其干品瓣形肥大微弯，色泽洁白至宝黄，形似龙牙而著称。龙牙县及其周边地区是丘陵地带，气候凉爽，温度适宜，土壤气候条件最宜百合的生长。龙牙百合鲜果，牙白，2～6头抱合成球形，成熟适度，味微苦，无其他异味。隆回县是全国三大百合产地之一

产地	主产于湖南省龙山县、新邵县、隆回县、安化县		
烹饪应用	可生吃，也可熟食，适宜蒸、烧、炒、熘、烩、炖以及腌渍、蜜饯等方法，烹饪中常用于甜菜的制作，也可干制加工成片，还可以用来制作冰糖炖百合、西芹炒百合、百合炒里脊、百合粥、百合炖汤等		
营养价值	属于药食两用食材，含有丰富的蛋白质、脂肪、淀粉及钙、磷、铁等。具有养阴润肺止咳，宁心安神的功效，是滋补珍品		
选用标准	以外观整洁、鳞片质地肥厚、色泽洁白、醇甜清香、略带苦味、甘美爽口者为佳		
保管方式	窖藏法、低温保管法、风干保存法	上市季节	6月至8月

17. 沅江芦笋

简介	沅江芦笋，又名“荻笋”，生长在南洞庭湖的滩涂湿地上。据史料记载，沅江芦笋从五代十国时期开始食用；南洞庭湖土地肥沃，有机质十分丰富，独特的环境，非常有利于沅江芦笋的生长发育。沅江芦笋，笋头为芽白色，带壳鲜笋饱满、紧实，长度16厘米左右，剥壳鲜笋呈淡绿色，沅江芦笋是洞庭湖区的传统特色食材

产地	主产于益阳市沅江市
烹饪应用	沅江芦笋色泽淡黄，口感清香，肉质细嫩，鲜美爽口，适合于凉拌、清炒、炖、煮、烧、下火锅等多种烹调方法，可与鱼、肉、鸡、蛋等多种荤菜搭配成菜
营养价值	富含B族维生素、胡萝卜素、叶酸和硒、铁、锰、锌等微量元素。膳食纤维含量高，含硒量高于一般蔬菜，具有清热利尿、提高免疫力、降血脂等功效

选用标准	以色泽碧绿、无损伤、鲜嫩、粗细均匀者为佳

保管方式	冷藏法	上市季节	春季、夏季

18. 桥头河萝卜

简介	桥头河萝卜是湖南省娄底市桥头河镇的特色农产品，桥头河萝卜口感鲜嫩多汁，富含硒等稀有矿物质。抗战时期，著名文学大师钱钟书随国立师范学院暂迁湖南省蓝田镇、桥头河一带。钱钟书在蓝田镇（现涟源市城区）任教两年，期间吃到个大肉嫩、味甜质脆的桥头河萝卜时，曾赞不绝口地说过："桥头河萝卜不放油，筷子挟起两头流""桥头河的萝卜一上街，药铺老板要收摊"

产地	湖南省娄底市涟源市桥头河镇		
烹饪应用	可适用于煮、炖、炒、泡、烧、焖等多种烹调方法，当地人习惯白水煮制食用，原汁原味，入口清甜多汁		
营养价值	富含丰富的维生素C、糖分和矿物质，还有淀粉酶和芥子油，具有清热生津、下气宽中、开胃健脾、止咳化痰的功效		
选用标准	以个体大小均匀、完整、无病虫害、无糠心、无黑心、新鲜、脆嫩、无苦味、质脆者为佳		
保管方式	冷藏法、常温保藏法	上市季节	冬季

19. 双江荞头

简介	荞头，百合科，葱属草本植物，又叫"藠果"，双江荞头，因产于湖南省娄底市的娄星区双江乡而得名，素有"菜中灵芝"之美。双江荞头具有色白、层多、肉脆、爽口、个大均匀等特点
产地	主产于娄底市区北端双江乡
烹饪应用	冷菜中常加工成酸辣或酸甜味型的泡菜，热菜中适合于旺火急炒，代表制品有酸辣荞头，常见菜品如荞头炒腊肉、豆豉荞头、荞头鱿鱼丝等
营养价值	富含糖分、蛋白质、维生素C和钙、磷、铁等微量元素，具有消食、解腻、防癌等功效

选用标准	以色白、层多、肉脆和个头大者最佳
保管方式	冷藏法、通风保藏法	上市季节	秋冬季节

20. 会同魔芋

简介	会同魔芋，又作磨芋，是花魔芋的一种，鲜魔芋球茎呈扁圆球状，外表光亮，叶柄脱落处光滑。魔芋干制品具有色白、表皮手感细腻、质地致密的特点。据古籍《本草图经》记载，湖南西部等地当时就有魔芋生长
产地	湖南省怀化市会同县所属的乡镇

烹饪应用	可作主食或用来加工制作魔芋豆腐制品，也可作为菜肴的配料，适用于烧、蒸、炒等烹调方法，常见菜肴有魔芋面、魔芋豆腐、魔芋烧鸭、魔芋炒肉等		
营养价值	魔芋含有多种氨基酸、矿物质微量元素和丰富的食物纤维，对防治糖尿病、高血压有特效，属于低热、低脂、低糖三低食品，自古以来魔芋就有“去肠砂”之称。魔芋具有水平降血糖、降血脂、降压、散毒、养颜、通便等功效		
选用标准	以外表光亮、干制品色白、表皮手感细腻、质地致密者最佳		
保管方式	冷藏法、干燥保藏法	上市季节	魔芋制品四季皆有，鲜魔芋以冬腊月采收的最佳

21. 雪峰山鱼腥草

简介	学名蕺菜，是三白草科植物蕺菜的干燥地上部分。是由雪峰山山脉的野生鱼腥草通过驯化改良而来，故得名雪峰山鱼腥草，具有须根少，色泽润白，脆嫩，少渣，爽口，鱼腥香味浓郁的特点。据传宋熙宁六年（1074）夏季，当地侗民整天腹泻，遍寻医药不得治，村民以挖鱼腥草的根食用，病情才见好转
产地	产地范围为湖南省怀化市鹤城区、中方县、芷江侗族自治县、洪江市现辖行政区域

烹饪应用	属于药食同源，可凉拌生吃，或是蒸煮、小炒、煮粥、开汤等，也可以作为馅心，常见菜肴有凉拌鱼腥草、鱼腥草炒腊肉、鱼腥草猪肺汤、鱼腥草蒸鸡等
营养价值	含有蛋白质、碳水化合物、脂肪、钙、磷、挥发油、鱼腥草素、月桂醛等成分。具有清热解毒、消肿疗疮、抗菌、抗病毒、提高机体免疫力、利尿的作用

选用标准	以新鲜清洁、无烂叶、黄叶、老梗、无损伤及病虫害、无烂根及无泥土者为佳		
保管方式	低温保存法	上市季节	夏秋季

22. 汉寿玉臂藕

简介	汉寿玉臂藕是湖南省汉寿县特产，相传，明朝有位皇帝在吃这种藕时，见这藕白嫩、脆爽、清甜，一节节如同宫女的手臂一样嫩白，十分喜爱。于是便命为“玉臂藕”。汉寿玉臂藕体大、节长、壮硕，每根长达1米，重3~4千克。具有藕质脆嫩、口感香甜、无丝少渣、淀粉含量高、可溶性糖含量较高等特点，2012年成为国家地理标志保护产品

产地	主产于常德市汉寿县龙阳镇、周文庙乡、岩汪湖镇、沧港镇、新兴乡、坡头镇、鸭子港乡、酉港镇、洲口镇、文蔚乡、罐头嘴镇、聂家桥乡、大南湖乡、蒋家嘴镇、月明潭乡、毓德铺镇、龙潭桥乡、株木山乡18个乡镇现辖行政区域		
烹饪应用	在烹饪中应用广泛，可适用于炒、烧、炖、炸、卤、煨等多种烹调方法，可加工成片、丝、条、块等形状，适用多种味型，代表菜肴如玉臂藕炖排骨、清炒藕片、玉臂藕烧肉、椒盐藕夹等		
营养价值	富含铁、钙、维生素以及淀粉等多种营养物质，具有补益气血、止血散瘀、增强人体免疫力等功效		
选用标准	以汉寿县所产玉臂藕者为佳，以藕体大、节长、壮硕、淀粉含量高为好		
保管方式	冷藏法、常温保存法	上市季节	中秋前后

23. 津市藠果

简介	津市藠果，具有因皮层薄、纤维含量少、长卵形、单个重6~10克、果肉嫩、白、脆等特征，特别是常德市津市市白衣镇深加工的甜酸藠果因口感酸甜，香脆甘醇，深受当地民众喜爱。2006年11月，获湖南省第一个藠头产品最高奖——中国·湖南第八届（国际）农博会金奖；白衣镇被冠以“中国藠果之乡”美誉
产地	主产于湖南省白衣镇、棠华乡、保和堤镇、李家铺乡、渡口镇5个乡镇

烹饪应用	主要适用于炒、泡等烹调方法，常见菜肴如酸辣泡菜藠果、腊肉炒藠果等

营养价值	富含粗蛋白、脂肪、维生素C、维生素E、维生素B_1、维生素B_2、粗纤维、氨基酸等多种营养物质，具有开胃生津、促进食欲的功效
选用标准	以鲜茎外皮白色、外形似长卵形或圆锥形，色泽正常，无腐烂、异味，且风味纯正者为佳
保管方式	冷藏法、常温保存法
上市季节	四季皆有

24. 华容芥菜

简介	华容芥菜历史悠久，相传魏晋时期已广种。种植于长江流域和洞庭湖冲积平原特定区域，秋播冬生春收，生长期不使用农药，绿色安全。新鲜芥菜颜色翠绿、质地脆嫩、略带辛味，腌制后色泽淡黄、微酸爽口、生津开胃
产地	主产于岳阳市华容县护城乡、新河乡、幸福乡、团洲乡、插旗镇、操军镇、万庾镇、东山镇、北景港镇、注滋口镇、治河渡镇、鲇鱼须镇、宋家嘴镇13个乡镇
烹饪应用	可作主料，宜拌、炝、炒、做汤等；还可作配料及包子、饺子、春卷等的馅心
营养价值	华容芥菜营养丰富，其中维生素A、维生素C和铁的含量较高，具有解表利尿、宽肺化痰、利肠开胃的功效
选用标准	以色泽淡黄，无虫蛀，叶绿新鲜者为佳
保管方式	常温贮存法
上市季节	春季

25. 邵东黄花菜

简介	黄花学名萱草，花蕾为名特蔬菜黄花菜，民间称为母亲花。颜色金黄，形状细长，又叫金针花。邵东黄花菜有四月花、荆州花、茶子花、中秋花、长嘴子花、茄子花、矮箭中期花、猛子花等31个栽培品种。明代弘治年间在太平一都、太平二都种植数千亩，后陆续扩大至廉桥、光陂、黑田铺、黄陂桥等地，为药食同源的特色食材
产地	主产于邵阳市邵东县现辖行政区域内
烹饪应用	黄花菜味道十分鲜美，可适用于煮、烧、炖等多种烹调方法，常见菜肴有黄花蒸鲫鱼、黄花炖鸡等

营养价值	黄花菜中的蛋白质、脂肪、碳水化合物、钙、磷、铁、胡萝卜素、核黄素的含量都高于番茄等常见蔬菜。《本草纲目》载，黄花有利胸膈、安五脏、通乳健胃、轻身明目等功效
选用标准	以色泽鲜亮、食味别致、香气馥郁、肉头肥厚者为佳
保管方式	低温保鲜法、脱水保管法、冷藏法
上市季节	每年4～8月

26. 城步薇菜

简介	薇菜干有红、青两种，即“赤干”和“青干”，是中国目前出口创汇的重要蔬菜之一。适宜在海拔800米左右的中低山区生长，武陵山区是中国盛产薇菜的四大主要产区之一。刚出土不久的嫩茎营养价值十分丰富，具有较高的食用保健价值，味道鲜美，国际市场称之为“中华山珍一绝”
产地	主产于湘西、湘中等地
烹饪应用	嫩茎叶焯水后可拌、炒、蒸、做汤、做馅。干品用温水泡发可制作成凉拌薇菜、清炒薇菜、薇菜蒸肉等。紫萁根茎清水浸泡7天左右，取出捣碎过滤可提取淀粉为蕨粉，能制作粉皮、粉条，有一定滋补作用
营养价值	薇菜味苦，性微寒，有小毒。归脾，胃经，主治清热解毒，润肺理气，补虚舒络，止血杀虫。主治衄血，吐血，赤痢，子宫功能性出血，风热感冒等病症
选用标准	茎部绒毛正在脱落或已脱落时采收为宜，采紫色与绿色均可，越粗壮越长越佳
保管方式	晒干冷藏
上市季节	春季

27. 城步番茄

简介	城步番茄是城步县特产，属于无公害农产品、绿色食品。“南山顶”牌番茄产品于2003年获得中国绿色食品认证，城步成为全国番茄标准化生产基地县。绿色延季蔬菜标准化生产基地2.6万亩，实现了产、供、销一条龙服务，年产值达2.5亿元，成为全县支柱产业之一
产地	主产于邵阳城步全境
烹饪应用	可以生食、煮食，加工成番茄酱、番茄汁或整果罐藏。还可以开汤、做菜、点心等，西红柿炒蛋是最有名的菜肴

营养价值	城步番茄果实营养丰富，具有特殊风味。含有丰富的胡萝卜素、维生素C和B族维生素。具有生津止渴、开胃消食、防癌、降压降脂的功效		
选用标准	以整体光滑、无棱角、分量重、表面有层淡淡的粉、蒂部圆润带淡淡青色、颜色粉红、浑圆者为佳		
保管方式	冷藏法、常温保管法	上市季节	夏秋季

28. 蓝山大白苦瓜

简介	蓝山大白苦瓜是采用蓝山县本地品种鳝鱼苦瓜作父本、鲤鱼婆苦瓜作母本进行有性杂交，再从杂交后代连续8年进行定向择优选育而成的高科技良种，良种推广已达20多年。是目前我国瓜条最长、外观最白、产量最高、品质最优的“苦瓜之王”
产地	主产于永州市蓝山县

烹饪应用	苦瓜作为蔬菜类食材可适用于炒、酿等烹调方法，辣椒炒苦瓜、苦瓜炒蛋、苦瓜酿肉都是代表菜肴		
营养价值	苦瓜性苦，寒，具有清热解毒，明目等功效。可用于中暑发热，牙痛，泄泻，痢疾，便血等疾病		
选用标准	以瓜条长、外观白、果实长圆筒形、果表瘤状突起大而密、有光泽、味微苦带甜有清香者为佳		
保管方式	常温贮存法、冷藏法	上市季节	夏秋季

29. 苦斋菜

简介	苦斋菜又称为苦斋婆或者苦斋麻。学名败酱草，野生，四季都有。闻之味苦，食之苦中带甜，属于野菜
产地	永州市山野皆有

烹饪应用	多用于煲汤。需煮熟食用，或晒制成干，可跟猪大肠或老鸭一起煮汤喝，代表菜肴如野苦斋炒肉丝、野苦斋炖猪肚等
营养价值	凉性。具有清热解毒、清肝明目、祛湿等药效

选用标准	以叶片完整均匀，闻之味苦，食之苦中带甜者为佳

保管方式	常温保管法	上市季节	四季皆有

30. 江永香芋

简介	江永香芋俗称槟榔芋，因产于江永县的桃川镇，又名桃川香芋。是江永蔬菜品种中栽培历史最久、面积最广、产值最高、最负盛名的优质农产品。具有个大、肉嫩、味美等特点。素有"桃川一年熟，永明三年足"之誉
产地	主产于永州市江永县粗石江镇、桃川镇、夏层铺镇、允山镇、潇浦镇、上江圩镇、千家峒瑶族乡、兰溪瑶族乡、源口瑶族乡9个乡镇

烹饪应用	可制作糕点、芋粉、芋片、芋丸等副食品，还可适用于煮、炸、烧、炒、炖等多种烹调方法。代表菜肴如香芋扣肉、香芋炖排骨、清炒香芋丝等
营养价值	香芋的营养价值很高，块茎中的淀粉含量达70%，既可当粮食，又可作蔬菜，是老幼皆宜的滋补品，秋补素食一宝。具有益胃、宽肠、通便散结、补中益肝肾、添精益髓等功效
选用标准	以球茎圆正，成纺锤，形似槟榔，表皮黄褐色，有暗红色老斑成熟度高，横切面有密布的紫色、暗红色丝状纹斑者为佳

保管方式	常温贮存法	上市季节	秋季

31. 祁阳槟榔芋

简介	祁阳槟榔芋种植历史悠久，新县志载，宣统三年（1911年），文明铺人从广西平乐县带回"槟榔芋"新品种（因形似槟榔），种于田坎沟边，后槟榔芋生产迅速发展，文明铺也被誉为"槟榔芋之乡"。因主产区地处"衡邵干旱走廊"核心地带，充足的光照、适宜的土壤环境、特殊的气候和土质，再经长时间的自然选择和人工培育，造就祁阳槟榔芋独特的外形和口感，淀粉含量高，芳香味浓，久煮不煳，芋香浓郁，粉糯细腻，绵软甘醇

产地	主产于永州市祁阳县文明铺镇、龚家坪镇、大村甸镇、文富市镇、黎家坪镇现辖行政区域
烹饪应用	祁阳槟榔芋适用于蒸、煮、焖、炸、烧、炖等多种烹调方法，代表菜肴如酥芋片、香芋扣肉、芋头煮萝卜菜等。此外槟榔芋还是制作糕点、小吃和食品雕刻的优质原料

营养价值	槟榔芋富含蛋白质、钙、磷、铁、钾、镁、钠、胡萝卜素、烟酸、维生素C、维生素B_1、维生素B_2、皂角苷等多种成分。中医认为芋头性味甘、辛、平，入肠、胃。对辅助治疗大便干结、甲状腺肿大、急性关节炎等病症有一定作用		
选用标准	以表皮褐色，皮薄，光滑，剖开可见芋肉布满均匀的紫红色花纹，肉质嫩白，结构紧密者为佳		
保管方式	常温贮存法	上市季节	秋季

32. 石珠坝白苦瓜

简介	石珠坝白苦瓜是宁远本地优良苦瓜品种。石珠坝苦瓜属早、中熟品种，从播种到初收80余天。植株生长势较强，果实长圆筒形，长40～60厘米，横茎5～7厘米，成熟瓜外表白气有光泽，肉厚质细嫩，味微苦且有清香气味
产地	主产于永州市宁远县中和镇石珠坝村、上街村、下街村一带

烹饪应用	苦瓜作为蔬菜类食材可适用于炒、酿等烹调方法，代表菜肴如辣椒炒苦瓜、苦瓜炒蛋、苦瓜酿肉等		
营养价值	苦瓜性苦，寒，具有清热解毒，明目的功效。可用于中暑发热，牙痛，泄泻，痢疾，便血等疾病		
选用标准	以外表白气有光泽，肉厚质细嫩，味微苦且有清香味者为佳		
保管方式	常温贮存法、冷藏法	上市季节	夏秋季

33. 东安红芽芋

简介	红芽芋又名红眼芋、灰芋、红芋、毛绿芋、红芋仔，在农村种植时切尾抹火灰再种植，普称为灰芋。红芽芋是东安县的地方芋类品种之一，种植历史悠久。多在田边、地边、厢边作边际栽培，具有鲜美、细腻、粉而不黏的特点
产地	主产于永州市东安县

烹饪应用	可作主食或用来制作淀粉，也可作为菜肴的配料，适用于烧、蒸、炒等多种烹调方法。代表菜肴如红芽芋烧五花肉、水煮红芽芋等
营养价值	除含蛋白质、脂肪、碳水化合物外，还含有磷、铁、多种维生素和黏液皂素。此外，红芽芋所含的矿物质中，氟的含量较高，具有洁齿防龋、解毒防癌、补中益气、美容乌发等功效

选用标准	以子芋肥大，皮厚，褐色，肉白色，芽鲜红色者为佳		
保管方式	常温保存法	上市季节	10月初收

任务3 加工性蔬菜类特色食材的特点及烹饪应用

一、任务驱动

1. 湖湘加工性蔬菜类特色食材具有哪些种类，各自有何特点？
2. 如何鉴别各地州市加工性蔬菜特色？
3. 不同加工性蔬菜类特色食材在烹饪中如何运用？

二、知识链接

蔬菜制品，是指对新鲜蔬菜进行加工处理后得到的成品或半成品。有干制品、腌制品、糖制品等。本任务主要是学习湖南各地州市加工性蔬菜食材的特色及产地，通过教师的讲授、实物（图片）展示，要求学生能够掌握加工性蔬菜食材的特点及选用标准，熟悉加工性蔬菜特色食材在烹饪中的运用。

1. 卜豆角

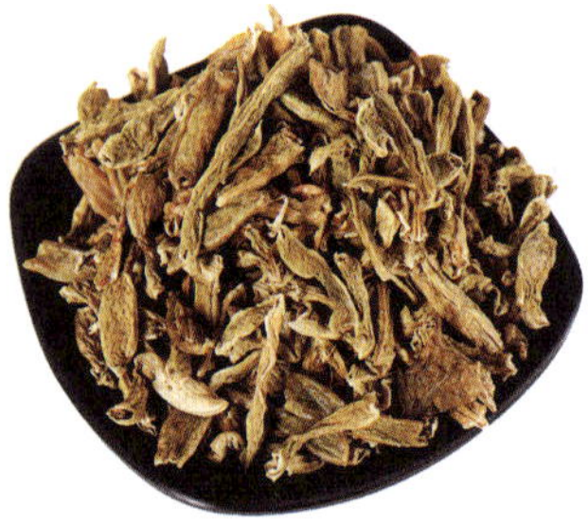

简介	卜豆角，是将新鲜长豆角在水中煮熟后晾干，再切成小段后晒干制成的，加盐放入密封老坛腌制数月即成，具有嚼之有劲，品之有味的特点，下饭佐餐佳品
产地	湖南各地均有

烹饪应用	卜豆角清水泡发好后，主要适用于焖、煮、蒸、炒等烹调方法，切成小段或长短形状，常见菜肴如卜豆角炒腊肉、卜豆角炒肉末、酱腌卜豆角、卜豆角蒸扣肉等
营养价值	富含钙、磷、镁、钾等多种矿物质及多种维生素，并含有大量的膳食纤维，有预防便秘的功效

选用标准	以个大、肉厚、籽粒小、无筋络、干透者为佳		
保管方式	低温保管法、干燥保管法	上市季节	夏秋季制作，冬春季食用

2. 耒阳坛子菜

简介	耒阳坛子菜就是用坛子腌制的咸菜，耒阳坛子菜不同于泡菜、酱菜等腌菜，它突出的是坛子，坛子越老菜越香。在耒阳农村，几乎家家户户都有几个甚至十几个坛子，有的坛子传了好几代人。而坛子菜的制作技术更是每个家庭主妇都会，不但所有蔬菜能制成坛子菜，而且花样百出。耒阳坛子菜发展为一种风味独特、品种多样的传统名特产，主要特色是香、脆、咸、辣、酸、甜，营养丰富，是佐粥、拌饭、下酒的佳品		
产地	衡阳市耒阳市		
烹饪应用	可直接食用，作为佐粥、拌饭、下酒的佳品，也可采用配料进行炒制成菜		
营养价值	富含大量维生素C、植物酵素和膳食纤维，具有增强食欲、健脾开胃的功效		
选用标准	以有自然的酸味及发酵香气，色泽鲜艳，香气浓郁，口感清脆者为佳		
保管方式	盐腌贮存法	上市季节	四季皆有

3. 耒阳红薯粉皮

简介	耒阳红薯粉皮又称红薯粉丝、粉皮、荷折皮，采用传统工艺经磨浆，蒸制，刀切，晒干等步骤加工而成。耒阳红薯粉皮具有色泽光亮，白中泛青，晶莹如玉，不糊锅，滑而有口感，软而带香甜，嫩而有嚼头等特点
产地	衡阳市耒阳市
烹饪应用	将粉皮用温水泡发好后，适用于炒、炸、煮、炖等烹调方法，常见菜肴如酸包菜炒粉皮、肥肠炒粉皮、肉末炒粉皮、黑山羊炖粉皮等
营养价值	富含淀粉、糖类、蛋白质、维生素等多种营养素，长期食用，可强身健体、延年益寿

选用标准	以色泽黄亮，身干条细，均匀片薄，韧性好，久煮不煳锅，食之柔软爽口者为佳

保管方式	干燥保管法	上市季节	四季皆有

4. 耒阳盐藠头

简介	盐藠头以质地优良的新鲜藠头为主要原料，经去污洗净，入罐腌制，发酵后可制成盐藠头。耒阳盛产藠头，且品质优良，加工制作成盐藠头，成品呈白色，半透明，肉质细，口感脆嫩，是下饭佐粥的佳品
产地	衡阳市耒阳市

烹饪应用	可适用于炒、凉拌等烹调方法，代表菜肴如盐藠头炒腊肉、清炒盐藠头等
营养价值	富含糖、蛋白质、钙、磷、铁、胡萝卜素、维生素C、膳食纤维等多种营养物质，具有消食、除腻等功效
选用标准	以色泽呈白色，半透明，肉质细，口感脆嫩者为佳

保管方式	盐腌贮存法	上市季节	四季皆有

5. 榨辣椒

简介	榨辣椒是将新鲜红辣椒（以大红辣椒、尖红辣椒、朝天椒、广椒等为材料）去蒂洗净，沥干水分，用刀剁成细末，加入食盐拌匀与磨成碎渣的玉米或者黏米拌匀，盛入干净坛里密封，坛口封紧后将坛倒扑在盐水盆里，密封一个月左右时间即可，成品颜色橘红、微辣酸香、香醇
产地	湖南常德市澧县

烹饪应用	采用煎、炒等烹调方法，也可作为酿菜的馅心原料，代表菜肴如榨辣椒炒肥肠、榨辣椒炒蛋、榨辣椒蒸肉、榨辣椒煎鱼等
营养价值	含有碳水化合物、蛋白质、胡萝卜素、核黄素等营养物质，具有开胃的功效
选用标准	以色泽金黄或微白，口感微辣带点酸者为佳

保管方式	冷藏法、密封保存法	上市季节	四季皆有

6. 洞口酱腌菜

简介	洞口县农家传统的酱腌菜是以贮藏为目的，将新鲜蔬菜经过腌制而成，能耐久保存。腌制过的菜都带着咸香，可烹调各式下饭菜。当地流传着一句谚语“姑娘家手臭腌菜臭，大嫂手香腌菜香”。现在的腌菜不仅是为了贮藏，更是深受人们喜爱的方便食品、风味食品和嗜好食品
产地	主产于邵阳洞口县全境

烹饪应用	酱腌菜可直接食用，也可作为小炒的原料，还可以当作某些包点的馅料		
营养价值	酱腌菜具有清口、增鲜、解腻、入味、开胃之功效		
选用标准	以色泽纯正、气味正宗者为佳		
保管方式	腌制保管法	上市季节	四季皆有

7. 武冈扎菜

简介	武冈扎菜是将茄子、豆角、刀豆等不易保存的蔬菜切成条状，晒干，加适量盐、辣椒拌匀腌制而成。食之腌香绵长，诱人食欲
产地	主产于邵阳武冈全境

烹饪应用	扎菜可作为主料干炒，也可作为其他菜肴的独特配料，如武冈扎菜炒肉、辣椒炒武冈扎菜等		
营养价值	武冈扎菜是茄子、豆角、刀豆等的蔬菜干，保留了这些蔬菜的营养，具有开胃增食、促进消化之功效		
选用标准	以气味、色泽纯正者为佳		
保管方式	腌制保存法	上市季节	四季皆有

8. 浆盐菜

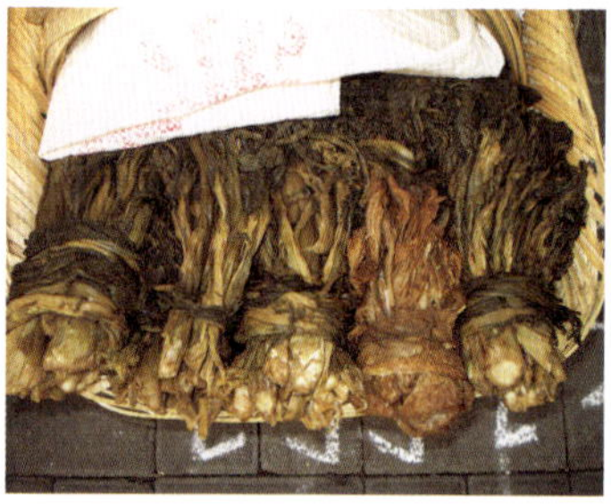

简介	浆盐菜是城步苗家的特色食材，属于发酵型干菜系列。选用青菜、白菜或萝卜菜制作，青菜味道最好，又脆又香，微微有点酸味。春分前后，青菜快要抽薹时，最适宜做浆盐菜。春夏之交是缺菜的季节，浆盐菜可以解决缺菜的困难
产地	主产于邵阳城步全境

烹饪应用	可以做成浆盐菜米豆腐汤、浆盐菜豆腐汤、浆盐菜猪血汤、浆盐菜蒸扣肉、浆盐菜蒸米粉肉等菜肴		
营养价值	浆盐菜酸、甜、香适度，具有收敛止汗，醒脾开胃，生津止渴，杀菌防病之功效		
选用标准	选择黄中带白，芳香扑鼻者为佳		
保管方式	晒干密封保存法	上市季节	春夏之交

9. 城步香辣椒

简介	香辣椒又名油发辣椒。农历七八月选用大而新鲜的青辣椒在开水中烫一滚，将其烫软捞出用剪刀或小竹扦将辣椒开一道小口，弄出辣椒籽，再将洗净切碎的嫩椿木菜叶、葱、蒜、豆腐渣、五香粉、食盐等拌匀为佐料，填满除去籽的青辣椒肚里，将辣椒开口合拢，晒干或烘干即成。具有辣、脆、香等特色，是城步苗家婚庆宴席上一碗独具风格的佳肴
产地	主产于邵阳市城步苗族自治县全境

烹饪应用	可适用于炒、蒸、烤等多种烹调方法，常见菜肴有烤辣椒、蒸辣椒、爆辣椒等。佐餐下酒，别有一番风味		
营养价值	香辣椒味辛，性热。能温中健胃，散寒燥湿，发汗。用于脾胃虚寒，食欲不振，腹部有冷感，泻下稀水；寒湿郁滞，少食苔腻，身体困倦，肢体酸痛；感冒风寒，恶寒无汗等病症		
选用标准	以呈棕黄色，油光发亮，又香又脆，咸辣适度，松脆可口，香气四溢，香而不辣，味道鲜美者为佳		
保管方式	腌制瓷坛保存	上市季节	每年七八月

10. 金甲岭鸡萝卜

简介	金甲岭鸡萝卜是以当地生长的黄泥萝卜经过洗净、改刀、阳光晾干，加入糯米酒、茶油，自制辣椒粉加盐腌渍而成，具有水量高、入口甜、嚼后无渣的品质特点。2018年，金甲岭萝卜成为全国农产品地理标志
产地	主产于衡阳市珠晖区茶山坳镇

烹饪应用	可作酱菜，或与其他原料配合制作菜肴，代表菜肴如银丝鲫鱼汤、萝卜煨牛腩、萝卜炖筒子骨等		
营养价值	富含丰富的膳食纤维，具有解油腻，促肠道蠕动消化等功效		
选用标准	以有自然的酸味及发酵香气，辣而不咸，脆而不腻，嫩而无渣，口感清脆者为佳		
保管方式	盐腌贮存法	上市季节	四季皆有

课后练习题

一、单选题

1. 桥头河萝卜产自湖南省（　　）。

A. 长沙　　B. 湘潭　　C. 娄底　　D. 株洲

2. 龙牙百合产自湖南省（　　）。

A. 衡阳市　　B. 湘西自治州　　C. 岳阳市　　D. 张家界市

3. 下列哪项不是永州市特色蔬菜（　　）。

A. 蓝山大白苦瓜　　B. 江永香芋　　C. 祁阳槟榔芋　　D. 会同魔芋

4. 中国画坛一代宗师齐白石曾有“一日无白菜不欢”之语。所谓的白菜是指（　　）。

A. 湘潭矮脚白　　B. 红菜薹　　C. 娃娃菜　　D. 白菜薹

5. 被誉为“高山深处的鲜人参”的食材是（　　）。

A. 沅江芦笋　　B. 桑植萝卜　　C. 龙牙百合　　D. 桥头河萝卜

二、判断题

1. 双江荠头，因产于湖南省娄底市的娄星区双江乡而得名，素有“菜中灵芝”之美称。(　　)
2. 会同魔芋，是湖南省会同县特产，不是国家地理标志保护产品。(　　)
3. 汉寿玉臂藕是湖南省株洲市特产，国家地理标志保护产品。(　　)
4. 津市藠果，湖南省常德市津市特产，品质优良，辛香嫩脆，具有独特的白嫩、爽脆口感，全国农产品地理标志。(　　)
5. 衡东三樟黄辣椒种植已有2000多年历史，因在湘江泥沙淤积形成的特殊砂质土壤种植，所产辣椒肉厚、皮薄、爽脆、香甜、色艳、椒形小。(　　)

三、思考题

1. 如何鉴别衡东三樟黄辣椒？
2. 衡山早白薯有哪些特点？在烹饪中如何应用？
3. 祁东黄花菜在烹饪中如何应用？具有什么样的营养价值？
4. 江华芙蓉珍珠椒的特点是什么？如何鉴别？
5. 樟树港辣椒和陶岭三味辣椒如何鉴别？

项目二

豆制品特色食材

任务1　豆制品特色食材概述

一、任务驱动

1. 湖湘豆制品特色食材的概念。
2. 湖湘豆制品特色食材分布范围。

本任务主要是学习湖湘豆制品特色食材的基础知识，通过教师的讲授、演示、实物（图片）展示，要求学生能够掌握湖湘豆制品特色食材的品质特点、分布范围等，以及豆制品特色食材在烹饪中的应用。

二、知识链接

（一）湖湘豆制品特色食材的概念及分布范围

湖湘豆类特色食材是指在所有能产生豆荚的豆科植物的豆荚里剥取出来的种子，多为干料的豆类，主要是大豆、蚕豆、红豆、绿豆、黄豆、黑豆、豇豆、豌豆、刀豆、扁豆、芸豆、鹰嘴豆、木豆等。种类繁多，营养丰富，栽培遍布湖湘各地。

湖湘豆制品特色食材是指以黄豆等磨浆后制成的各种食材，如豆浆、豆皮、豆干等。

湖湘豆制品特色食材遍布湖湘各地，颇具湖南地方风味特色，如长沙的德字香干、株洲的攸县香干、湘潭的韶山豆皮、衡阳的茅市拎豆腐、常德的木子腐乳、岳阳的平江香干、邵阳的佘田桥豆腐、郴州的马田腐竹、永州的江华十八酿、娄底的白溪水豆腐、张家界的腊血豆腐等。

（二）湖湘豆制品特色食材的营养成分（表2-2）

表2-2　湖湘豆制品特色食材营养成分

蛋白质	蛋白质含量比肉还高，大部分是完全蛋白质，消化吸收率高
脂肪	豆制品中的脂肪含量很低，且不含胆固醇

续表

维生素	豆制品中维生素富含维生素B_1、维生素B_2和纤维素，对维持人体的生理机能有重要作用
矿物质	豆制品中含有丰富的钙、磷、铁、钾、钠、镁、锌、铜等，这些矿物质是组成人体的各种组织的重要组成部分，对维持人体的渗透压、调节人体的酸碱平衡及人体的各种生理机能有重要作用
氨基酸	豆制品所含人体必需氨基酸与动物蛋白相似，尤其是不饱和脂肪酸含量较高，可以保护肝脏、促进机体代谢、增加免疫力，并且还有解毒作用

（三）湖湘豆制品特色食材在烹饪中的应用

（1）可作为制作菜肴的主料　如攸县香干、黄焖韶山豆皮、青椒焖豆腐等。

（2）可作为制作菜肴的配料　如鱼头炖豆腐、油豆腐烧肉等。

（3）可作为糕点、小吃制作过程中的馅心原料　如花豆、绿豆、红豆等，都可用于多种糕点、小吃馅心的制作。

（4）可作为菜点装饰、配色和点缀的原料　豆类具有丰富的色彩，多样的质感，可用于菜肴的拼衬、填充等，起到美化菜肴的作用。

（5）可用于腌渍、干制等多种加工方式　制作各种臭豆腐、腐乳等。

任务2　豆制品特色食材的特点及烹饪应用

一、任务驱动

1. 湖湘豆制品特色食材各自有何特点？
2. 如何鉴别各地州市豆制品特色食材？
3. 不同豆制品特色食材在烹饪中如何运用？

二、知识链接

1. 德字香干

简介	德字香干，始于1875年，老店始名“魏德茂”，后改名“德茂隆”。制作时将字压于香干之上，故名德字香干。从选料、浸泡、淘洗、磨豆、摆浆、煮浆、凝固、成片、造色、氽色直到配卤，最后制成香干子，要经过十几道工序，德字香干质地致密，厚薄均匀，酱香浓郁，柔软而富有弹性，色香味俱佳，成为长沙人餐桌上的家常菜。20世纪80年代，排队买德茂隆香干曾是长沙清晨一景

产地	主产于湖南省长沙市
烹饪应用	过去香干被称之“小荤”，适用于炒、煎、卤、蒸等多种烹调方法，一般加工成厚片、抹刀片、条等形状。常见菜肴有韭菜炒香干、芹菜炒香干、香干腊肉、青椒炒香干等
营养价值	含有丰富的蛋白质、维生素、钙、铁、镁、锌等营养元素，营养价值较高。具有防止血管硬化，保护心脏，补充钙质，骨骼发育的功效
选用标准	以颜色均匀、无杂质、无异味、质地细嫩者为佳
保管方式	低温保管法
上市季节	四季皆有

2. 韶山豆皮

简介	豆皮又称豆油皮、豆浆皮、豆腐皮、油皮、腐竹、豆腐衣。是用上等黄豆泡在水中，然后进行去皮磨浆，熬浆，过滤，通过滤布把豆渣和浆分开，再加温把豆浆煮开，最后把煮好的豆浆倒入一字形摆开的几口锅内，温度保持在70～90℃，待豆浆表层结皮起皱时趁热就可揭起摊晾即成
产地	湘潭韶山地区
烹饪应用	豆皮可以作为菜肴的主料和配料，可采用烧、焖、拌、烩等烹调方法，是素菜荤做的主要原料，韶山本地人擅长烹制豆皮，通常以黄焖、水煮形式为主，代表菜肴如黄焖豆皮
营养价值	富含蛋白质、氨基酸及铁、钙、钼等人体所必需的微量元素。性平味甘，有清热润肺、止咳消痰、养胃、解毒、止汗等功效
选用标准	以色泽金黄、皮薄油润、不黏、筋丝好、久煮不糊、涨发后柔软、味道鲜美者为佳
保管方式	低温保管法
上市季节	四季均可生产

3. 花石豆腐

简介	花石豆腐是当地人采用山泉水浸泡大豆制作而成，产于湘潭县花石镇而得名。所制作的豆腐成乳白色，无杂质，豆香浓郁，口感鲜美细嫩。2016年，花石豆腐传统制作技艺被列为湘潭县非物质文化遗产保护名录
产地	主产于湘潭县花石镇

烹饪应用	在烹饪中应用十分广泛，适用于炸、烧、煎、焖等多种烹调方法，可加工成炸豆腐干、香干、臭干、腊干、白干、油豆腐、豆腐脑等诸多豆制品，代表菜肴如湘菜青椒焖豆腐、鱼头炖豆腐、黄豆烧豆腐等		
营养价值	含有铁、钙、磷、镁等多种微量元素，还有碳水化合物和丰富优质蛋白质。中医认为，豆腐具有清热散血、润燥、生津、解毒等功效		
选用标准	以块形完整、软硬适度、富有一定的弹性、质地细嫩、结构均匀、无杂质的为优质豆腐		
保管方式	浸泡低温保管法	上市季节	四季均可生产

4. 攸县豆腐

简介	攸县豆腐生产历史悠久。据《攸县志》记载，明清时期，攸县豆腐就成为一个行业并盛行，是以黄豆用水浸泡涨发后，用石磨磨碎，滤去豆渣，用石膏水点卤制成，具有新鲜滑嫩、色泽温润、清香美味等特点
产地	主产于攸县桃水镇的百叶豆腐、皇图岭的水豆腐和丫江桥的油豆腐

烹饪应用	在烹饪中应用十分广泛，适用于炸、烧、煎、焖等多种烹调方法，可加工成炸豆腐干、香干、臭干、腊干、白干、油豆腐、豆腐脑等诸多豆制品，也是烹饪馅心和各种小吃的原料。代表菜肴如湘菜青椒焖豆腐、鱼头炖豆腐、黄豆烧豆腐等		
营养价值	富含铁、钙、磷、镁等矿物质，还含有碳水化合物、优质蛋白等营养素，中医认为，豆腐具有清热散血、润燥、生津、解毒等功效		
选用标准	以无水纹、无杂质、无异味、晶白细嫩者为佳		
保管方式	冷藏法	上市季节	四季均可生产

5. 马田豆腐

简介	马田豆腐是以黄豆和石膏为主要原料，至今已有上百年的历史。采用传统“石膏点豆腐”的加工方法，制作的豆腐以白、嫩、细、鲜、韧见长
产地	产于郴州市永兴县马田镇

烹饪应用	在烹饪中应用十分广泛，适用于炸、烧、煎、焖等多种烹调方法，可加工成炸豆腐干、香干、臭干、腊干、白干、油豆腐、豆腐脑等诸多豆制品，也是烹饪馅心和各种小吃的原料。代表菜肴如湘菜青椒焖豆腐、鱼头炖豆腐、黄豆烧豆腐等
营养价值	富含铁、镁、钾、烟酸、铜、钙、锌、磷、叶酸、维生素B_1、维生素B_6。具有补中益气、清热润燥、生津止渴、清洁肠胃的功效
选用标准	均匀的乳白色或淡黄色，稍有光泽，块形完整，软硬适度，富有一定的弹性，口感鲜嫩，味道纯正清香
保管方式	常温保存法
上市季节	四季皆有

6. 茅市拎豆腐

简介	茅市拎豆腐选用当地黄豆，用井水浸泡、石磨盘磨制，滤去豆渣，将豆浆烧沸，用盐卤汁或酸浆等投入锅中制成。鲜豆腐软嫩鲜香，用茶油或菜、油炸出的油豆腐颜色金黄，四角崭齐，外脆内酥，味道纯正
产地	衡阳市茅市镇

烹饪应用	油豆腐内层呈海绵状，对味道的吸附作用强，适用于炒、烧、焖等烹调方法，一般切成三角块或厚片形状，常见菜肴有油豆腐烧肉、油豆腐酿肉、家常豆腐等
营养价值	含有铁、镁、钾、烟酸、铜、钙、锌、磷、叶酸、维生素B_1、蛋黄素和维生素B_6等多种营养物质。具有益气和中、生津润燥、清热解毒、助消化、增食欲等功效
选用标准	以无水纹、无杂质、无异味、晶白细嫩者为佳
保管方式	低温保管法
上市季节	四季皆有

7. 冠市红豆腐

简介	冠市红豆腐采用本地上等黄豆，洗净，浸泡4～6小时后，磨成生豆浆，滤渣后加热至100℃，加入少许石膏水，凝固成豆腐脑，沥干水后，包裹成块，压干水分。晾干将成型的豆腐放入调好的五香粉、植物染料和盐混合成的水中上色即可。该染料是用枸杞、皂壳等天然植物熬制的天然红色染料，具有色红美观、柔嫩鲜美等特点

产地	衡阳市衡南县冠市镇
烹饪应用	在烹饪中应用十分广泛，适用于炸、烧、煎、焖等多种烹调方法，可加工成炸豆腐干、香干、臭干、腊干、白干、油豆腐、豆腐脑等诸多豆制品，代表菜肴如湘菜青椒焖豆腐、鱼头炖豆腐、黄豆烧豆腐等
营养价值	含有铁、钙、磷、镁等多种微量元素，还有碳水化合物和丰富优质蛋白质。中医认为，豆腐具有清热散血、润燥、生津、解毒等功效
选用标准	以无水纹、无杂质、无异味、色泽红亮者为佳
保管方式	低温保管法　　上市季节：四季皆有

8. 凉伞干豆腐

简介	凉伞干豆腐精选当地优质大豆，配以凉伞无污染的山泉（玉龙瀑布泉水）制成，运用当地石磨等传统工具，采用独特的工艺加工成鲜豆腐后，再利用当地硬质薪柴配以少量天然香料熏烤而成，其色泽金黄，香气四溢，口感柔软清香。至今已有400多年的制作历史
产地	主产于新晃县凉伞镇
烹饪应用	可采用蒸、炒、焖、炖、卤等烹调方法，一般加工成厚片状，常见菜肴有青椒豆腐干、凉伞干豆腐焖肉、蒸豆腐干等
营养价值	含有的卵磷脂可除掉附在血管壁上的胆固醇，防止血管硬化，预防心血管疾病，保护心脏
选用标准	以色泽金黄，香气四溢，口感柔软者最佳
保管方式	低温冷藏法　　上市季节：四季皆有

9. 白溪水豆腐

简介	白溪水豆腐具有色泽洁白，质地细嫩，久煮不散，鲜美可口的特点，白溪水豆腐享有“走遍天下路，白溪水豆腐”的美誉。相传清乾隆皇帝游江南，途经白溪镇，吃了水豆腐，就对其啧啧称赞，得知白溪水豆腐就是白溪井水制作而成的，乾隆当即赐名“金殿井”
产地	新化县白溪镇

烹饪应用	白溪豆腐食法多样，可凉拌也可烹制，既可作主料也可作辅料，且适用于多种烹调方法，如拌、煎、炸、酿等，常见菜肴是当地的鱼冻豆腐
营养价值	水豆腐营养丰富，含有铁、钙、磷、镁等人体必需的多种微量元素，还含有糖类、植物油和丰富的优质蛋白，素有“植物肉”之美称
选用标准	以无水纹、无杂质、无异味、晶白细嫩者为佳

保管方式	冷藏法、泡水保管法	上市季节	四季皆有

10. 富田桥游浆豆腐

简介	富田桥游浆豆腐，因其制作过程不添加石膏而是以游浆工艺代替石膏点卤，产地又主要是涟源市荷塘镇富田桥村而得名，具有奇、健、美三大特点。富田桥游浆豆腐有着500多年的历史，始于明朝1515年，成为明朝正德皇帝和清朝乾隆皇帝下江南钦点的贡品豆腐
产地	涟源市富田桥村

烹饪应用	富田桥游浆豆腐食法多样，既可作主料也可作辅料，也是烹饪馅心的原料，适用于多种烹调方法，可凉拌也可烹制，常见的烹饪方法有煎、炸、酿等
营养价值	富含人体所需的多种蛋白质、氨基酸、维生素和铁、钙、磷、镁等人体必需的多种微量元素
选用标准	以无水纹、无杂质、无异味、晶白细嫩者最佳

保管方式	冷藏法	上市季节	四季皆有

11. 醋水豆腐

简介	醋水豆腐是岳阳传统的特色食材，以优良黄豆为原料，食醋为凝固剂，采用传统制作工艺加工而成。其色泽金黄，鲜嫩可口，具有很高的营养价值。与其他豆腐相比，没有石膏豆腐的硬、老，没有内酯豆腐的涩。在家庭中制作方便、简单、易行
产地	主产于岳阳市

烹饪应用	可适用于煎、焖、炸、酿等多种烹调方法，代表名菜有剁辣椒焖豆腐、香煎醋水豆腐等。也是烹饪馅心和各种小吃的原料

营养价值	富含优质蛋白质，人体可吸收率达92%～98%。还含多种维生素和钙、磷、铁等矿物质元素。具有清热散血、润燥、生津、解毒等功效
选用标准	以质地细嫩、软硬适宜、有弹性、无杂质者为佳
保管方式	冷藏法、泡水保管法	上市季节	四季皆有

12. 张谷英豆腐

简介	湖南岳阳县的张谷英镇有近600年的历史，是国内保存最完整和最大的明清时代的汉居，属国家重点文物保护单位。张谷英在湘北地区也小有名气，像张谷英豆腐、张谷英油豆腐、张谷英豆腐乳、张谷英豆腐干等都是其特色食材。而张谷英豆腐是用张谷英产的黄豆、渭洞茶油和龙涎井清泉，采取传统工艺加工而成
产地	主产于岳阳市岳阳县的张谷英镇
烹饪应用	在烹饪中应用十分广泛，适用于炸、烧、煎、焖等多种烹调方法，可加工成油豆腐、豆腐脑、豆腐干等诸多豆制品，也是烹饪馅心和各种小吃的原料
营养价值	含丰富的蛋白质、维生素A、B族维生素、铁、钙、磷等多种营养物质，味道鲜美可口，常食对减肥健身、防治高血压、便秘等有明显作用
选用标准	以色泽金黄、空心酥软、不破不碎者为佳
保管方式	常温贮存法、冷藏法	上市季节	四季皆有

13. 堡口豆腐

简介	堡口豆腐鲜美好吃，以堡口的豆腐最具代表性。堡口街上有股清澈神奇的泉水常流不息，用来磨制的豆腐色白味鲜、韧性好。民谚云：堡口豆腐不用油，筷子夹起两头流
产地	主产于邵阳新宁自安山、堡口、赤木、桃花坝一线
烹饪应用	可凉拌也可烹制，既可作主料也可作辅料，且适用于多种烹调方法，如拌、煎、炸、酿等，最具代表性的是当地名菜泥鳅氽豆腐

营养价值	堡口豆腐含铁、镁、钾、烟酸、铜、钙、锌、磷、叶酸、维生素B_1、蛋黄素和维生素B_6等多种营养物质。适于热性体质、口臭口渴、肠胃不清、热病后调养者食用		
选用标准	以无水纹、无杂质、无异味、晶白细嫩者最佳		
保管方式	冷藏法、泡水保管法	上市季节	四季皆有

14. 佘田桥豆腐

简介	佘田桥坐落在在邵东蒸水河畔，素以出产水豆腐闻名遐迩，因水质极佳，做出的豆腐格外洁白细嫩，以味道香甜鲜美享有盛名。清末佘田桥镇的豆腐品类众多，有豆腐脑、水豆腐、油豆腐、豆腐干、豆腐渣等。申氏、佘氏、谭氏、曾氏等豆腐作坊达10多个，一时镇上半边街成了豆腐街
产地	主产于邵阳市邵东县佘田桥

烹饪应用	可煎可煮，加上小葱、辣椒、麻油等作料，则芳香扑鼻，鲜甜无比。佘田桥豆腐有七七四十九种吃法，红烧、油炸、干煎、烘烤、拉皮等烹调方法都适用。常见菜肴有红烧豆腐、香煎豆腐、酿豆腐等		
营养价值	豆腐营养丰富，含有铁、钙、磷、镁等人体必需的多种微量元素，还含有糖类、植物油和丰富的优质蛋白，素有“植物肉”之美称。具有补充蛋白质，促进新陈代谢，延年益寿的功效		
选用标准	以无水纹、无杂质、无异味、晶白细嫩者最佳		
保管方式	冷藏法	上市季节	四季皆有

15. 山口铺油豆腐

简介	山口铺油豆腐是东安山口铺古镇的百年名产，用当地特殊的井水和自产的黄豆制成豆腐，再用当地产的茶油炸成油豆腐而成。外表色泽金黄，外香里嫩，略带焦脆，紧贴外皮里层是白白嫩嫩的一层豆腐蓉，内如丝肉，细致绵空，富有弹性，具有鲜、香、嫩、软的特点
产地	主产于永州市东安县山口铺镇

烹饪应用	在烹饪中应用极为广泛，适用于烧、焖、炒等烹调方法，代表菜肴如油豆腐烧肉、油豆腐焖削骨肉等

营养价值	油豆腐含蛋白质、脂肪、糖分及钙、磷、铁等多种营养物质。消化吸收率在92%~96%，含胆固醇极少。具有益气和中，滋阴润燥，养血之功效		
选用标准	以外表金黄色，略带焦脆，外香里嫩，内如丝肉者为佳		
保管方式	冷藏法	上市季节	四季皆有

16. 石羊醋水豆腐

简介	新田南大门石羊镇是醋水豆腐的发源地，制作工艺有近百年历史，经过选料、浸泡、磨浆、过滤去渣、煮浆、加压成形、油炸7大流程制作而成。用醋水为凝固剂，做出来的豆腐没有酸涩异味，反而豆腐更加结实，抛起一尺落手不碎
产地	主产于永州市新田县南大门石羊镇

烹饪应用	在烹饪中应用极为广泛，适用于各种烹调方法，也是烹饪馅心和各种小吃的原料，代表菜肴如香煎醋水豆腐、醋水豆腐烧肉等		
营养价值	含有铁、钙、磷、镁等人体必需的微量元素，还含有碳水化合物和丰富的优质蛋白，具有益气和中、生津润燥、清热解毒、助消化、增进食欲等功效		
选用标准	以色泽金黄，不碎不烂者为佳		
保管方式	冷藏法	上市季节	四季皆有

17. 攸县香干

简介	攸县香干是选新鲜的黄豆，经过洗净——浸泡——磨浆——滤豆——石膏水点卤——凝固——过滤——轻压定型，即成香干。攸县香干具有锅香浓、口感滑嫩、韧性足、口味纯、细而不腻、有筋道、易入味等特点
产地	主产于株洲市攸县

烹饪应用	过去香干被称之“小荤”，适用于炒、煎、卤、蒸等多种烹调方法，一般加工成厚片、抹刀片、条等形状。常见菜肴有韭菜炒香干、芹菜炒香干、香干腊肉、青椒炒香干等
营养价值	攸县香干营养丰富，有“植物肉”之称。属于高蛋白，低脂肪食品，具有降血压、降血脂、降胆固醇的功效

选用标准	正宗的攸县香干正方体长宽高约为5厘米×5厘米×1厘米，以色泽金黄带点褐，无杂色斑点，闻起来有股浓郁的柴火锅香味者为佳		
保管方式	低温保管法，保质期不超过15天	上市季节	四季均可生产

18. 平江香干

简介	平江香干是平江县长寿镇特产，又名长寿香干。采用优质的黄豆、山泉水、山茶油等原材料经过精心的挑选，细心的清洗，遵古制作，原汁原味。1873年长寿镇何敖魁创立，用传统卤制与烘烤食品工艺相结合的手法烧制出具有方寸大小、铜钱厚薄、乌黑油亮、芳香四溢的豆腐干，味道醇美，耐嚼爽口
产地	主产于岳阳平江县长寿街镇

烹饪应用	平江香干属于一种小吃食品，可以做下酒菜、凉拌菜和零食等		
营养价值	富含蛋白质、脂肪、膳食纤维、维生素A、胡萝卜素、钾、钠、钙、镁等多种营养物质，老少皆宜。具有补中益气、清热润燥的功效		
选用标准	以香干完好无损、铜钱厚薄、酱香浓郁者为佳		
保管方式	常温贮存法	上市季节	四季皆有

19. 马田腐竹

简介	马田腐竹制作的历史悠久，是以黄豆为原料，将豆浆煮沸后，经过一段时间保温，表面形成一层薄膜，挑出后下垂成枝条状，再经干燥而成，其形类似竹枝状，具有浓郁的豆香味，马田腐竹具有质纯、无杂、味鲜、久煮不烂的特点
产地	产于郴州市永兴县马田镇

烹饪应用	温水泡发好后，适用于煮、焖、拌、烧等多种烹调方法，常见菜肴有凉拌腐竹、油泼腐竹、腐竹烧肉等
营养价值	富含蛋白质、钙等多种矿物质和微量元素，具有健脾益气宽中、润燥消水等作用，但是患有肾炎、痛风患者不适宜食用腐竹
选用标准	以颜色微黄，干燥，有光泽，具有浓郁的豆香味者为佳

保管方式	常温保存法、干燥保管法	上市季节	四季皆有

20. 桂东花豆

简介	桂东花豆又名肾豆，因其表皮呈规则形状如肾脏，全身布满红色经络花纹而得名，被当地人称为神豆，在民间享有“豆中之王”的美称。桂东县拥有独特的地理优势，最适宜花豆的种植，已有300年种植历史，当地种出的花豆饱满而富有光泽，其他地方种出来的花豆只开花不结果，被当地人称为神豆
产地	产于郴州市桂东县

烹饪应用	可以作为菜肴的配料，也可以用于制作馅心、豆沙等，适用于煮、焖、炖等多种烹制方法，代表菜肴有花豆炖土鸡、水煮花豆等		
营养价值	富含淀粉、蛋白质、维生素B_1、维生素B_2、钙，属于高淀粉、高蛋白质、无脂肪的保健食品，具有健脾壮肾、增强食欲、抗风湿的作用		
选用标准	以桂东所产花豆者为佳，以粒大、饱满、色正、无杂质、无虫害、无污染为好		
保管方式	干燥保管法、密封保管法	上市季节	秋季

21. 腊血豆腐

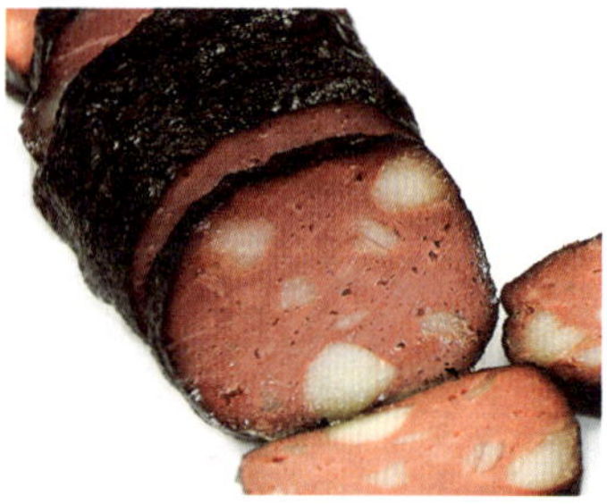

简介	腊血豆腐，是将新鲜猪肉改刀切成粒后，加盐、料酒、花椒等腌渍一段时间，再把新鲜的嫩豆腐捣碎，加上猪血、特制的调料拌匀用菜叶包裹起来，先用松枝小火熏烤，再放到通风处风干烟熏烤成腊黄制作而成，成品香气四溢、味道鲜美
产地	主产于湖南张家界永定区

烹饪应用	可以将腊血豆腐清洗干净后，用水煮熟，切成片，直接食用。适用于采蒸、炒等多种烹调方法，代表菜肴如辣椒炒腊血豆腐、蒜薹炒腊血豆腐、蒸腊血豆腐等
营养价值	富含维生素、蛋白质，含铁等多种矿物质元素，具有清热解毒等功效
选用标准	以耐得住咀嚼，既有腊肉的熏香味，又有猪血的原味以及豆腐的豆香味者为佳

保管方式	低温保管法	上市季节	四季均可生产

22. 桑植盐豆腐干

简介	桑植盐豆腐干属于豆腐的加工制品，在制作过程中会添加食盐、茴香、花椒、大料、干姜等调料，具有咸香爽口，硬中带韧的特点，早在清咸丰年间，桑植县城豆腐行业制作的盐豆腐干，畅销长沙、武汉、广州等地，且曾列为贡品
产地	主产于湖南省张家界市

烹饪应用	适用于炒、焖、烧、蒸等多种烹调方法，也是烹饪馅心和各种小吃的原料。常见菜肴有豆腐干炒青菜、炒芹菜豆腐干、豉汁蒸豆腐干、凉拌豆腐干等		
营养价值	富含蛋白质、脂肪、碳水化合物，还含有钙、磷、铁等多种人体所需的矿物质，具有解毒、宽肠、清热、润燥、生津等功能		
选用标准	以无水纹、无杂质、无异味、咸香爽口、硬中带韧者为佳		
保管方式	低温保管法	上市季节	四季均可生产

23. 木子腐乳

简介	木子腐乳又称湖南十八子腐乳，属于豆腐的传统发酵豆制品，具有黏口清香、纯正圆畅、麻辣香溢、回味悠长等鲜明的特点
产地	湖南省常德市津市

烹饪应用	在烹调中具有提鲜增香、调味解腻的作用，是稀饭、馒头、汤面等直接佐餐佳品，适用于烧、蒸等烹调方法，代表菜肴如腐乳鸡、腐乳鸭、乳香螺片、腐乳烧肉等；也可直接用于排菜内和味碟中，如在火锅中用来制作蘸食调料		
营养价值	含有丰富的蛋白含、矿物质和维生素等营养物质。具有健脾养胃，增进食欲、帮助消化之功效		
选用标准	以色正、形状整齐、质地细腻、软烂、香鲜、无异味者为佳		
保管方式	低温保管法、密封保管法	上市季节	四季皆有

24. 武冈卤豆腐

简介	武冈卤豆腐是武冈卤菜的一种。把香干放入大茴、小茴、桂皮等二十几味地道中草药制作的卤水里，经过若干个小时卤制、高温杀菌、保温培养、分级等工艺流程制作而成。产品有竹编豆腐、麻辣豆腐等20多种
产地	主产于邵阳武冈市湾头桥镇、龙田乡、头堂乡等19个乡镇现辖行政区域

烹饪应用	可直接食用，也可和其他原料同时烹调成菜		
营养价值	含有铁、钙、磷、镁等人体必需的多种微量元素，还含有糖类、植物油和丰富的优质蛋白，素有“植物肉”之美称。具有生津止渴、散寒祛湿、健脾开胃的功效		
选用标准	以气质清香、味道纯正、组织致密、质地紧实、有筋力、干香、耐嚼、咸淡适中、回味长久、少盐、少油、少糖者为佳		
保管方式	冷藏法	上市季节	四季皆有

25. 新田大豆

简介	新田有2000多年的大豆种植历史，秦汉时期，新田先民就开始人工种植大豆。新田大豆具有“粒大卵圆、豆脐黄褐、色泽金黄、高蛋白、高硒高钙、口感纯香”等特点。所制作的豆腐花、豆浆、豆粉、豆干、豆奶、纳豆等系列加工产品浓香四溢，滑腻爽口，风味独特，无豆腥味，令人回味无穷，不仅是新田一绝，而且也成为了湖南的一张闪亮名片

产地	主产于永州市新田县骥村、冷水井、龙泉、莲花、毛里、枧头、十字、金盆圩、三井、茂家、大坪塘、知市坪、新隆、高山、新圩、石羊、陶岭17个乡镇现辖行政区域		
烹饪应用	适用于炖、煮、炒等烹调方法，还可以加工成豆制品。用新田大豆制作出的醋水豆腐更是当地一道传统美食，也是春节用来款待来客必不可少的一道美味佳肴		
营养价值	新田大豆含有丰富的优质蛋白、不饱和脂肪酸、钙及B族维生素，是当地居民膳食中优质蛋白质的重要来源。大豆蛋白质含量为35%～40%，除蛋氨酸外，其余必需氨基酸的组成和比例与动物蛋白相似，而且富含谷类蛋白质缺乏的赖氨酸，是与谷类蛋白质互补的天然理想食品		
选用标准	以粒大卵圆、豆脐黄褐、色泽金黄者为佳		
保管方式	干燥保管法、密封保管法、通风保管法	上市季节	每年8～10月

26. 九嶷黄豆

简介	九嶷黄豆品种以传统的春分豆、五月黄、鄂豆4号和2004年从湖北当阳引进的翠扇为主，商品名“九嶷黄豆”。“九嶷黄豆”的蛋白含量高，尤其适宜豆腐加工
产地	主产于永州市宁远县

烹饪应用	主要用来制作豆制品，如榨油、豆腐、豆芽等，用途极广。烹饪制作中常用豆粉来制作点心，如将大豆粉与玉米面、小米面等掺和制作窝头、豆粒或豆粉饼干		
营养价值	富含蛋白质、脂肪、碳水化合物及多种矿物质和微量元素，具有健脾益气宽中、润燥消水等功效		
选用标准	以粒大卵圆、色泽金黄、口感纯香、无虫害者为佳		
保管方式	干燥保管法、密封保管法、通风保管法	上市季节	每年7～9月

27. 瑶家十八酿

简介	瑶家十八酿是以水豆腐、辣椒、魔芋、山笋、大蒜头、油炸豆腐、茄子、苦瓜、牛耳菜、螺蛳、米豆腐、香菇、丝瓜、莲藕、蛋皮、冬瓜、萝卜、南瓜花十八种菜肴伴以馅心做成的酿丸，天然生态、清爽鲜嫩。十八酿中最难做的是水豆腐酿，以码市、沱江两地最为出名，做工精巧，特别细嫩润滑
产地	主产于永州市江华县

烹饪应用	瑶家十八酿花样繁多，各具风味。可煎、焖、焙、炸等，根据不同原料特性可以酿制出不同风味的菜肴		
营养价值	瑶家十八酿所用到的原料较多，富含蛋白质、脂肪、碳水化合物、维生素、矿物质等多种营养素，具有补肾养血，滋阴润燥等功效		
选用标准	以色泽金黄，清香扑鼻、外形完整者为佳		
保管方式	冷藏法	上市季节	四季皆有

28. 蓝山腊八豆

简介	蓝山腊八豆已有数百年历史，民间多在每年立冬后开始腌制，至腊月八日后食用，故称为“腊八豆”。其成品具有一种特殊的香味，且异常鲜美，因而很受人们的喜爱
产地	主产于永州市蓝山县

烹饪应用	腊八豆与很多食材可以做菜，如蒸洞庭湖大鱼头、腊八豆汤、鸭翅炒腊八豆、腊八豆炒茄片、腊八豆拌肉片、腊八豆煎鸡蛋、腊八豆蒸腊肉、腊八豆炒肉皮、腊八豆蒸凤爪、腊八豆拌金针菇、腊八豆小炒鸡菇等		
营养价值	腊八豆含有丰富的营养成分，如氨基酸、维生素、功能性短肽、大豆异黄酮等生理活性物质，是营养价值较高的保健发酵食品。性平、味甘，有开胃消食的功能		
选用标准	以色泽黄亮、有特殊的香味者为佳		
保管方式	常温瓷坛贮存	上市季节	冬季

29. 魔芋豆腐

简介	魔芋豆腐以魔芋为原料制成，先将魔芋磨成浆，在大锅里加上清水烧开，然后放入魔芋浆，再烧开，加入生石灰粉，充分搅拌，煮成糊状，置于盆内，冷却后即成豆腐
产地	主产于永州市

烹饪应用	魔芋豆腐为新型保健食品，既可单独烹食，也可作为配料和其他原料一起烹饪。代表菜肴如清炒魔芋豆腐、酸豆角炒魔芋豆腐、魔芋豆腐烧肉等		
营养价值	魔芋富含可溶性膳食纤维，具有健脾胃祛风寒、利尿和护肤美发等功效		
选用标准	以表面完好无损、色泽正常、有弹性者为佳		
保管方式	冷水浸泡法、冷藏法	上市季节	冬季

一、单选题

1. 德字香干产自湖南省（　　）。

A. 长沙　　B. 湘潭　　C. 娄底　　D. 株洲

2. 花石豆腐产自湖南省（　　）。

A. 衡阳　　B. 湘西自治州　　C. 岳阳市　　D. 湘潭市

3. 下列哪项不是郴州市特色食材（　　）。

A. 马田豆腐　　B. 马田腐竹　　C. 腊血豆腐　　D. 桂东花豆

4. 有“天下第一豆腐”之称的是（　　）。

A. 茅市拎豆腐　　B. 醋水豆腐　　C. 白溪水豆腐　　D. 张谷英豆腐

5. 享有“走遍天下路，白溪水豆腐”美誉的白溪水豆腐产自（　　）。

A. 炎陵县　　B. 长沙县　　C. 新化县　　D. 株洲市

二、判断题

1. 富田桥游浆豆腐，因其制作过程添加石膏而不是以游浆工艺代替石膏点卤，产地又主要是涟源市荷塘镇富田桥村而得名，具有奇、健、美三大特点。（　　）
2. 木子腐乳又称湖南十八子腐乳，是津市十八子食品有限公司的知名品牌。（　　）
3. 凉伞干豆腐为新化县凉伞镇特产，因其口感纯香，食之回味无穷，品质优良又产自凉伞而得名。（　　）
4. 津市藠果，湖南省常德市津市特产，品质优良，辛香嫩脆，具有独特的白嫩、爽脆口感，全国农产品地理标志。（　　）
5. 冠市红豆腐采用本地上等黄豆及地下水磨煮成豆腐块，在制作过程中用红曲米造色，工艺制作讲究，被列为冠市街非物质文化遗产之一。（　　）

三、思考题

1. 德字香干的制作过程是什么？有何特点？
2. 腊血豆腐的在烹饪中如何应用？
3. 桂东花豆的特色有哪些？具有什么样的营养价值？
4. 马田豆腐如何鉴别？
5. 攸县豆腐和花石豆腐如何鉴别？

项目三

山珍类特色食材

任务1　山珍类特色食材概述

一、任务驱动

1. 湖湘山珍类特色食材的概念。
2. 湖湘山珍类特色食材的分类。
3. 列举10种湖湘山珍类特色食材。

本任务主要是学习湖湘山珍类特色食材的基础知识，通过教师的讲授、演示、实物（图片）展示，要求学生能够掌握湖湘山珍类特色食材的品质特点、分布范围等，以及山珍类特色食材在烹饪中的应用。

二、知识链接

（一）湖湘山珍类特色食材的概念及分布范围

湖湘山珍类特色食材是指山野里出产的各种珍贵食品，是食物中的精品部分，主要是竹笋和菌类。

湖南是全国重点竹笋产区，各类竹林面积83.3万平方千米左右，占全国竹林面积的四分之一，居全国之首。有竹类19属130余种，可食竹笋达9属60余种。湖湘山珍类特色食材在全省均有分布，如炎陵的香菇、茶陵的白芷、衡阳的雁鹅菌、新宁的香菇、邵东的流泽玉竹、宝庆的玉兰片、汝城的香菇、永州的阳明山笋、怀化的靖州茯苓、益阳的桃江竹笋、湘西的罐罐菌、张家界的岩耳等。

（二）湖湘山珍类特色食材的营养成分（表2-3）

表2-3　湖湘山珍类特色食材营养成分

蛋白质	蛋白质含量较高，尤其是菇类、菌类蛋白质含量高于一般蔬菜
脂肪	几乎不含脂肪，热量也非常低

续表

维生素	维生素含量齐全，富含维生素B_1、维生素B_2、维生素C、烟酸等
矿物质	含有丰富的钙、磷、铁、钾、钠、镁、锌、铜等矿物质，对调节人体的酸碱平衡及人体的各种生理机能有重要作用
氨基酸	含有多种氨基酸和丰富的多糖体和多肽类物质，有助于消化，促进机体代谢、增加免疫力

（三）湖湘山珍类特色食材在烹饪中的应用

（1）可作为制作菜肴的主料　如油焖烟笋、鸡汁白灵菇、菌汤等。

（2）可作为制作菜肴的配料　如寒菌烧肉、冬笋炒腊肉等。

（3）可作为糕点、小吃制作过程中的馅心原料　如香菇肉末、笋子肉丝等。

（4）可用于脱水、干制等多种加工方式　制作干制菇类、干制菌类、干制笋类等。

任务2　山珍类特色食材的特点及烹饪应用

一、任务驱动

1. 湖湘山珍类特色食材各自有何特点？
2. 如何鉴别各地州市山珍类特色食材？
3. 不同山珍类特色食材在烹饪中如何运用？

二、知识链接

本任务主要是学习湖南各地州市山珍类食材的特色及产地，通过教师的讲授、实物（图片）展示，要求学生能够掌握山珍类特色食材的特点及选用标准，熟悉山珍类特色食材在烹饪中的运用。

1. 炎陵香菇

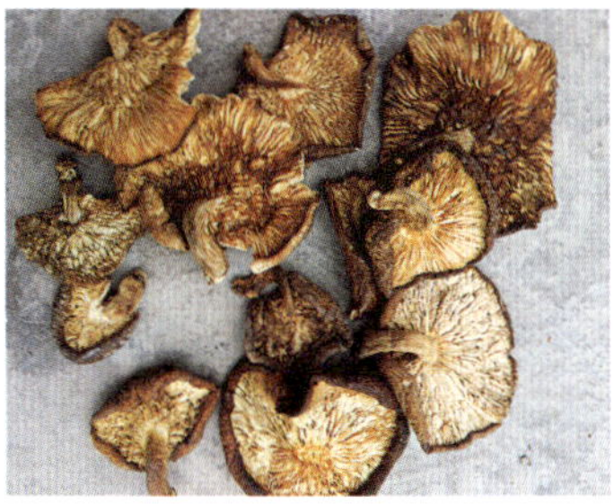

简介	炎陵香菇分为野生香菇、椴木栽培香菇和木屑栽培香菇。其中尤以野生香菇著称，椴木栽培香菇次之，而木屑栽培香菇廉价，也受欢迎。新鲜的炎陵香菇扁平而薄，上面光滑，下面呈白色，皱褶深，菇蒂短小，有微微的香气。烤干的炎陵香菇体型小，有扑鼻的纯正香气，周边较薄且微微卷边

产地	主产于株洲市炎陵县
烹饪应用	可作主料单烹，又可作辅料配用、干香菇多用于馅心原料，也可作为干货制品。适用于炒、烧、煎、烤、炖等多种烹调方法，代表菜肴如香菇烧菜心、香菇炖土鸡、炭火烤香菇、香菇烧肉等
营养价值	富含蛋白质、糖类、香菇多糖、多种维生素、纤维素、烟酸以及钙、铁、磷、镁、钾、锌、锰等矿物质，是不可多得的高蛋白、低脂肪营养食品，具有降血脂、降胆固醇和降血压的作用，对预防动脉粥样硬化、脑出血、心脏病等心脑血管疾病十分有益
选用标准	以味香浓、肉厚实、大小均匀、菌褶细密、柄短粗壮、面带白霜者为佳

保管方式	低温保管法、脱水保管法	上市季节	春、秋、冬季均有采摘

2. 汝城香菇

简介	汝城香菇是处于罗霄山脉的湖南汝城县的一种山珍，因其呈黑色，伞状，被人们亲切地称为“黑美食伞”。具有个大、肉厚、色深、味浓等特点，据《汝城县志》记载，从明朝起，这里便出产香菇进行售卖
产地	主产于汝城县集龙、益将、热水、南洞、三江口等山区乡镇
烹饪应用	可作主料烹饪，又可作辅料配用，适用于卤、拌、炝、炒、烧、烹、炸、炖等多种烹调方法，香菇还可作馅心和点缀料，代表菜肴有红烧香菇、香菇炖鸡块等
营养价值	富含蛋白质、碳水化合物、矿物质和多种维生素，对缺铁性贫血、糖尿病、高血压等有良好的食疗作用，有提高机体免疫力，防癌抗癌之功效
选用标准	以味香浓、肉厚实、大小均匀、菌褶细密、柄短粗壮者为佳

保管方式	低温保管法、脱水保管法	上市季节	夏秋季

3. 新宁香菇

简介	香菇又名香蕈，是食用菌的一个主要品种。新宁香菇肉质脆嫩，味道鲜美，香气独特，营养丰富，又有一定药效，堪称“健康食品”。新宁种植香菇已有多年历史，每年种植规模在100万筒以上，用林中杂木法种而得，干、鲜香菇均销往省内外市场
产地	邵阳新宁麻林、黄金、黄龙、清江、金石等山区乡林为主

烹饪应用	可作主料单烹，又可作辅料配用，适宜于卤、拌、炝、炒、烧、烹、煎、炸、烩、炖等多种烹调方法，香菇还可以作馅心和点缀料
营养价值	香菇中的香菇素有降低血中胆固醇的作用，可预防肝硬化、冠心病、高血压等中老年常见病，具有提高血红蛋白，增强肠胃功能的功效
选用标准	以肉质脆嫩、肉厚实、大小均匀、柄短粗壮者为佳
保管方式	脱水保管法、冷藏法
上市季节	四季皆有

4. 江永香菇

简介	江永香菇又名乔菇、香蕈、冬菇，属高等菌类。与香米、香柚、香芋、香姜合称“江永五香”。它不仅味道鲜美，而且营养丰富，具有色泽自然，香气浓郁，盖头硕大等特点，是名副其实的“山珍”。江永香菇现已由过去的半人工培育发展为人工栽培
产地	主产于永州江永源口、井边、大远、粗石江等地的深山峻岭之中
烹饪应用	可作主料烹饪，又可作辅料配用，适用于卤、拌、炝、炒、烧、烹、炸、炖等多种烹调方法，香菇还可作馅心和制成干香菇，代表菜肴有红烧香菇、香菇炖排骨等
营养价值	含有大量的蛋白质、钙、磷、铁以及维生素B_1和维生素C。香菇药用价值相当高，是高蛋白、低脂肪的营养食品，经常食用，有滋补强身，延年益寿的功效
选用标准	以盖头硕大、色泽自然、香气独特、肉质嫩滑者为佳
保管方式	冷藏法、脱水保管法
上市季节	四季皆有

5. 汝城红菇

简介	汝城红菇是一类大型菌根真菌，属担子菌亚门、层菌纲、红菇目、红菇科、红菇属。是一种名贵的野生食（药）用菌。红菇子实体一般为大型。菌盖直径6～16厘米，扁半球形，后平展至中下凹，菌盖表面呈深苋菜红色、鲜紫红或暗紫红色，边缘平滑或有不明显条纹。大红菇菌肉肥厚，呈白色，味道柔和。菌褶为乳白色后为淡赭黄色，褶的前缘常常带红色，菌柄近似圆柱形，有的上部或一侧带粉红色，或全部带粉红色而向下渐淡，具有独特的生长环境
产地	主产于郴州市汝城县

烹饪应用	温水泡发好后，可作主配料，适用于炒、烧、氽、炖、蒸等，特别适合炖汤，味道鲜美，代表菜肴有红菇炖猪肚、红菇炖鸡等		
营养价值	红菇含蛋白质、碳水化合物、矿物质、B族维生素、维生素D、维生素E、必需氨基酸、多糖以及铜、锌、铁、锰等人体必需的多种微量元素，据《本草纲目》所载："红菇味清、性温、开胃、止泻、解毒、滋补、常服之益寿也"		
选用标准	以色正、形状完整、菌伞紧合、结实肥厚、质地柔嫩者为佳		
保管方式	低温保管法、脱水保管法	上市季节	夏秋季

6. 桂东黄菌

简介	因体形如伞，色泽金黄故叫"黄菌"，是桂东的三件宝（玲珑茶、黄菌干、花豆）之一。是用较为稀有的野生食用菌日晒而成，桂东人喊它"黄腊咯"。桂东黄菌生长环境特殊，只在梅雨季潮湿的气候润泽之后，就会在深山幽谷的灌木草丛中生长，其肉质具有肥厚细嫩，又香又脆的特点

产地	主产于郴州市桂东县		
烹饪应用	可作主配料，适用于炒、烧、氽、炖等，特别适合炖汤，味道鲜美，代表菜肴有黄菌炖猪肚、黄菌炖排骨等		
营养价值	具有丰富的营养物质，还有很高的药用价值，对抗老防癌，降低血压有显著的功效，还有助于促进消化，不用担心发胖，属于"五星级"的素菜		
选用标准	以色正、形状完整、菌伞紧合、结实肥厚、质地柔嫩者为佳		
保管方式	低温保管法、脱水保管法	上市季节	春夏之交

7. 五盖山榨笋

简介	五盖山榨笋是从五盖山新鲜采摘来的竹笋，经剥、切、煮、泡、榨、烤六道工序制作而成，口感韧而不绵，味鲜脆而不生
产地	主产于湖南省郴州市苏仙区五盖山镇

烹饪应用	可以作为主料、配料或馅心，可适用于炒、焖、炖等烹调方法，代表菜肴如榨笋炒肉、油焖榨笋等
营养价值	榨笋属于低脂肪、低糖、多纤维的食品，具有清热化痰、益气和胃、治消渴、利水道、利膈爽胃等功效
选用标准	以五盖山所产者为佳，以外壳色泽微黄，笋壳完整，笋肉饱满者为好
保管方式	干燥保存法、通风保存法
上市季节	春夏之交

8. 莽山苦笋

简介	又称“仙笋”，味道清凉，口感脆爽鲜嫩，入口微苦，苦后而甘，野生于海拔500～1600米林间、草丛、高寒山区及崇山峻岭之中。春夏交接时期，气温回升，莽山地区的野生苦笋正从土里钻出，当地居民则趁着好时节进山，采挖苦笋成为当地居民这一时间段的风俗
产地	主产于湖南省郴州市宜章县的莽山
烹饪应用	苦笋因其鲜美的味道适用于炒、凉拌、炖等烹制方法。当地居民特别喜欢用苦笋开汤，将采摘回来的竹笋，经过煮、泡等多道程序处理，再用中火炖制
营养价值	富含维生素、蛋白质、氨基酸、粗纤维等人体必需的营养成分和微量元素，具有消火降火、清热解毒、调理肠胃、促进消化、增进食欲的功效
选用标准	以宜章莽山所产者为佳，鲜笋外壳色泽鲜黄，笋壳完整，紧贴笋肉，笋肉饱满光洁
保管方式	常温保存法、冷藏法
上市季节	春夏之交

9. 茶陵白芷

简介	茶陵白芷具有2000余年的栽培史，是茶陵“三宝”之一，与另外两宝“大蒜”“生姜”，是茶陵县重要的经济作物。茶陵白芷古称“楚芷”，菊花心，个大洁白又无筋，气烈香重药味浓，是芷类之中的上品
产地	主产于株洲市茶陵县
烹饪应用	烹饪中多用于肉类原料的去腥除异增香，常用于卤、酱类菜的香味配料，也可用于食疗药膳的烹制，如白芷鱼头等，具有养胃、治疗头痛的功效

营养价值	白芷是一种名贵的中药材，性温、味辛。以根入药，有祛病除湿、排脓生肌、活血止痛等功能。主治风寒感冒、头痛、鼻炎、牙痛、赤白带下、痛疖肿毒等症
选用标准	以质坚硬而较轻，闻之气味芳香，口尝味辛，微有苦味者为佳
保管方式	干燥保管法
上市季节	6月份上市

10. 岩耳

简介	岩耳又可以称作石耳、石木耳、地耳、岩菇、脐衣、石壁花，是石耳科植物石耳的地衣体。体呈叶状，背面大都为灰色或黄褐色，形状像黑木耳，具备惊人的锁水能力。《永定县志》载："岩耳系民间珍品，食中佳肴，并有去热清火滋补之功能。和肉作羹或炖鸡，味道鲜美"，古代被列为贡品
产地	主产于湖南张家界武陵源景区
烹饪应用	可以凉拌、热炒、熘烩、作汤、作馅，可荤可素，味道均佳，可鲜食，也可制成干制品。代表菜肴有石耳糯米粥、石耳焗豆腐、石耳煮鸭蛋、岩耳肉饼汤、岩耳炖鸡汤、岩耳炖排骨、岩耳炖猪蹄等
营养价值	岩耳富含蛋白质、脂肪、钙、铁、多糖、石茸酸、红粉苔酸等多种营养物质。具有清热解毒、养阴润肺、凉血止血、消炎滋补的功效
选用标准	以背面为灰色或黄褐色、新鲜质嫩、肉厚、无泥沙者为佳
保管方式	低温保管法、脱水保管法
上市季节	夏秋季上市

11. 大松菌

简介	松菌，又名枞菌、鸡丝菌、松蘑、松口蘑、松蕈等，属担子菌纲伞菌目，蘑科蘑属。形状像伞状，色泽鲜明，菌盖呈褐色，菌柄为白色，都有纤维状的茸毛鳞片，菌肉白嫩肥厚，质地细密，具有独特的浓郁香味。明代李时珍的《本草纲目》把松蕈列在香蕈条下，又称合蕈、台蕈
产地	主产于湖南张家界境内
烹饪应用	温水泡发好后，应用广泛，最主要用来蒸食和煲汤，也可作为菜肴的主配料。代表菜肴如腊肉炖松菌、爆炒松菌拌野、大松菌煮豆腐等

营养价值	松茸富含蛋白质，多种氨基酸，人体必需微量元素，活性营养物质，不饱和脂肪酸等，具有强精补肾，健脑益智和抗癌等作用，被誉为“菌中之王”
选用标准	以个大完整、均匀、香气浓郁、肉质紧密有弹性、香气十足、颜色呈淡黄色或米白色、鲜亮清新者、菌肉白嫩肥厚者为佳
保管方式	低温保管法、脱水保管法	上市季节	6~9月

12. 寒菌

简介	寒菌又名松乳菇、松菌，被誉为“菌中王子”。其适合中国大部分山区和丘陵地区栽培，有菇圆肉厚，质地脆嫩味鲜，菌盖口感滑润，香气浓郁，风味爽口的特点
产地	产于湖南省长沙市

烹饪应用	在烹调中应用广泛，适用于烧、蒸、煮、酿等多种烹调方法。代表菜肴有红烧寒菌、清蒸寒菌、寒菌冬苋菜汤、南岳重阳菌、酿鲜寒菌等，还可以用茶油熬煮，制作寒菌油		
营养价值	其营养价值很高，富含粗蛋白，粗脂肪、粗纤维、多种氨基酸和维生素，不仅味道鲜美可口，还具有药用价值，能强身、益肠胃、止痛、理气化痰、驱虫及治疗糖尿病、抗癌等特殊功效，是中老年人理想的保健食品		
选用标准	以个体大、形态完整、肉质厚实、无异味、无污物、无泥土者为佳		
保管方式	密封保管法、脱水保管法	上市季节	十月

13. 雁鹅菌

简介	雁鹅菌又名重阳菌、寒菌、玉茹、雁窝菌。被誉为菌中之王，属纯天然菌种，人工无法繁殖、栽培。雁鹅菌菌色浅棕，形如伞状，小如铜钱，大似菜碗，菌质肉肥。南岳山上有菌数十种，唯有雁鹅菌是上品
产地	衡阳市衡山县

烹饪应用	可用来炒制、调汤、烧肉，如雁鹅菌汤、雁鹅菌炒豆腐、雁鹅菌炖土鸡等，也可用来作菌油
营养价值	富含铁、镁、钾、烟酸、铜、钙、锌、磷、叶酸、维生素B_1、维生素B_6等多种营养物质。具有清热解毒、增强免疫力及保健防疫的功效

选用标准	以成品色泽橙黄，形如铜扣，油亮素雅，肉质脆嫩者为佳

保管方式	低温保管法、脱水保管法	上市季节	春季、夏季、秋季

14. 罐罐菌

简介	罐罐菌又名属养巴菌和猫儿菌，属于真菌类。主要产于凤凰北部的腊尔山台地，性喜温凉湿润，农历八月为生长旺季。它多生长于松树、茶树等杂木混交林中，表面为灰白、黄褐和黑色三种颜色，晒干后均呈黑色，色泽光亮者为佳品。一般十斤鲜菌，可晒成干菌一斤。罐罐菌味美鲜香，被誉为山珍佳品
产地	主产于凤凰县境内的腊尔山台地

烹饪应用	在烹饪中可作主料，也可以作配料，可荤可素，适于炒、煲、炖、烧、扒等多种烹调方法。代表菜肴如罐罐菌烧肉、罐罐菌土鸡汤等
营养价值	含有蛋白质、脂肪、维生素、矿物质以及人体必需的8种氨基酸等多种营养物质，还含有腺膘呤、胆碱和腐胺等生物碱。具有清热解烦、养血和中、祛风散寒、舒筋活血、补虚提神等功效
选用标准	以个体完整、大小均匀、色泽鲜亮清新、肉质厚实、无异味、无污物、无泥土者为佳

保管方式	低温保管法、脱水保管法	上市季节	夏末初秋

15. 桃江竹笋

简介	竹笋作为蔬菜食用，早在《诗经》和《周礼》中已有记载。桃江竹笋具有光泽绒黄、笋体饱满、笋纹浅细、笋肉朴厚、味香质脆等独特品质，“桃江竹笋”2015年由桃江县竹产业协会向国家工商行政管理局申请国家地理标志证明商标。主要产品有鲜笋（春笋）、玉兰片、笋干、水笋、榨笋、烟笋、笋丝、冬笋等十个产品
产地	主产于益阳市桃江县

烹饪应用	在烹饪中可作主料，也可以作配料，适用于炒、焖、炖等烹调方法，代表菜肴如春笋炒肉、冬笋炒腊肉、油焖笋子等
营养价值	含有蛋白质、碳水化合物、膳食纤维、胡萝卜素、维生素B_1、维生素B_2、维生素C等，并富含铁、磷、镁、钙、锌、硒等微量元素。具有清热、消痰、镇静的功效

选用标准	以新鲜厚实、节间短、肉质呈乳白色或蛋黄色、无虫害、无破损者为佳		
保管方式	冷藏保管法、脱水保管法、密封保管法	上市季节	春季、冬季

16. 黄枞菌

简介	枞菌呈扁半球形，中央伞状，伸展后下凹，边缘最初内卷，后平展，湿时黏，无毛，虾仁色，橙色和褐色，有或没有颜色较明显的环带，后色变淡，伤后变绿色，特别是菌盖边缘部分变绿显著。枞菌按颜色分，分乌枞菌和红枞菌；按生的季节分，分三月菌、六月菌和重阳菌。一般来说，三月菌、重阳菌是乌枞菌居多，而六月菌几乎都是红枞菌。红枞菌虽然颜色好看，但相比于乌枞菌味淡一些，鲜味稍次。而乌枞菌则是鲜美清爽、香气扑鼻，是真正难得的上上品

产地	主产于益阳市安化县		
烹饪应用	在烹饪中可作主料，也可作配料，能与蔬菜鱼肉及各种山珍海味搭配，适用于炒、炸、腌、煎、拌、炖等烹调方法。代表菜肴如枞菌炖肉、枞菌土鸡汤等		
营养价值	富含粗蛋白、粗脂肪、粗纤维、多种氨基酸、不饱和脂肪酸、核酸衍生物，还含有维生素B_1、维生素B_2、维生素C、烟酸等元素，具有能强身、益肠胃、止痛、理气化痰、治疗糖尿病、抗癌等特殊功效，是中老年人理想的保健食品		
选用标准	以表面完整无损伤、肉厚实、大小均匀、无异味、无泥土者为佳		
保管方式	干燥保管法、低温保管法	上市季节	春季

17. 靖州茯苓

简介	茯苓，出自《神农本草经》，俗称云苓、松苓、茯灵，靖州茯苓历史悠久，为寄生在松树根上的菌类植物，形状像甘薯，外皮黑褐色，里面白色或粉红色。具有质地优、产量大的特点，2014年“靖州茯苓”成为全国农产品地理标志
产地	主产于怀化市靖州县
烹饪应用	茯苓不仅可入药，也可食用，如制作薏仁茯苓粥、白茯苓粥、枸杞茯苓茶、茯苓糕、茯苓圆饼等

营养价值	茯苓的主要成分有茯苓聚糖、茯苓酸、蛋白质、组胺酸、麦角醇和钾盐等，具有利水渗湿、健脾安神之成效		
选用标准	以黑褐色或棕褐色，外皮薄而粗糙，有明显隆起的皱纹者为佳		
保管方式	干燥保藏法	上市季节	一般7～9月采收，干制品四季皆有

18. 雪峰山枞菌

简介	枞菌也叫松菌，是松树底下长出的菌子。橙红色的叫红枞菌，紫褐色的叫乌枞菌，均属山珍。雪峰山枞菌肉厚、营养丰富，堪称菌类之王，是一种纯天然、野生、名贵珍惜的食用菌。雪峰山脉在时晴时雨的春末、夏季及阴雨连绵的秋季枞菌开始生长，即“四月八，枞菌发”“九月九，枞菌有”。同时又分三月菌、六月菌和重阳菌。民谣云：“三月松菇四月鸡，九月松菇当老鸡。”

产地	雪峰山脉、张家界、龙山县、慈利县、洞口县等		
烹饪应用	可适用于炖、炒等烹调方法。用枞菌煮豆腐味道格外鲜美，嫩、脆、香；枞菌拌野胡葱爆炒，满屋飘香，引人垂涎；枞菌汤的鲜香美味更是食中一绝		
营养价值	营养价值高，富含粗蛋白、粗脂肪、粗纤维、多种氨基酸、不饱和脂肪酸、核酸衍生物，还含有维生素B_1、维生素B_2、维生素C及多种微量元素		
选用标准	以纽扣大小，表面光滑，色泽美观，无破损者为佳		
保管方式	冷藏法	上市季节	每年三月、六月、重阳节前后采收

19. 宝庆龙牙百合

简介	隆回是“龙牙百合”种植最适区，已有200多年的栽培历史，是隆回县特产。隆回龙牙百合以其干品瓣形肥大微弯，色泽洁白至宝黄，形似龙牙而著称。以其优良品质著名全国，被誉为食中珍品、南方人参
产地	主产于邵阳隆回县现辖行政区域的26个乡镇536个自然村

烹饪应用	剥取鳞瓣鲜食或制成百合干，煲汤煮粥。也可适用于多种烹调方法，如香煎百合、清炒百合、冰糖炖百合、清蒸百合、百合冬瓜汤等

营养价值	具有养阴润肺止咳，静心安神功效；主治阴虚燥咳，劳嗽咯血、肺痿、虚热、烦躁惊悸、失眠、多梦等；有镇咳、平喘、祛痰、抗疲劳、镇静、催眠、提高免疫力、升高外周白细胞等药理作用
选用标准	以形似龙牙、个大、瓣长、肉厚者为佳
保管方式	鲜品冷藏法、干品常温贮存法
上市季节	秋季

20. 武冈葛根

简介	武冈葛根是豆科植物野葛或甘葛藤萝的块根，分米葛粉和柴葛粉两种，呈长柱形或板状厚片，类白色或淡黄色，切面粗糙，有大量纤维，纤维与粉质相间形成同心环层纵纹。质硬而重，粉性足，气微味甘，集营养、药用、美食于一身，是国家地理标志证明商标
产地	主产于邵阳武冈全境
烹饪应用	武冈葛根是药食同源食材，可生食，在烹饪中也可常用来煲汤，同时也可作药物使用
营养价值	葛根含12%的黄酮类化合物，如葛根素、大豆黄酮苷、花生素等营养成分，还有蛋白质、氨基酸、糖和人体必需的铁、钙、铜、锌、硒、磷元素，是老少皆宜的名贵滋补品，有“千年人参”之美誉
选用标准	以块肥大、坚实、色白、粉性足、纤维少者为佳
保管方式	常温贮存法
上市季节	冬季

21. 邵东流泽玉竹

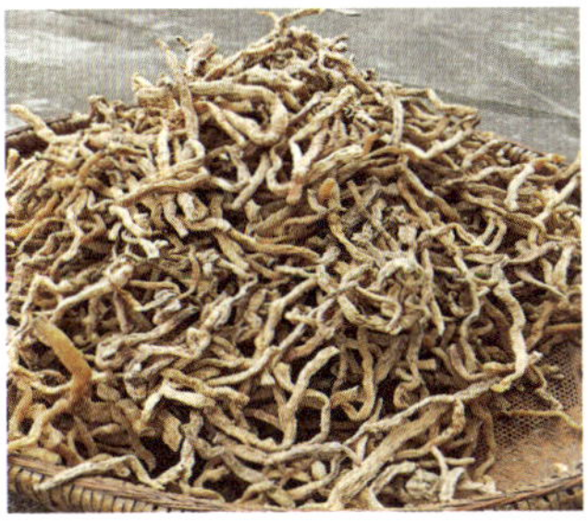

简介	邵东流泽玉竹，又名尾参。邵东生产玉竹历史悠久，为中国“玉竹之乡”。邵东玉竹比其他产区玉竹明显要粗，从产量角度讲，种植邵东玉竹的亩产量远超其他品种；在炮制方面，湘玉竹则有着很高的干制率。从成分上讲，湘玉竹的更大优势在于味甜糖质重。《中国药典2015版》中规定，玉竹中玉竹多糖的含量不得少于6.0%，而湖南产玉竹中的玉竹多糖有的高达10.0%，是所有玉竹品种中最好的一种，是湖南省邵东县特产，2005年成为国家地理标志保护产品
产地	主产于邵东县现辖行政辖区内

烹饪应用	玉竹为药食同源食材，根茎可供药用，还可以适用于炖、炒等烹调方法，代表菜肴有玉竹百合炖老鸭、玉竹红枣生鱼汤、鲜玉竹猪肺汤等
营养价值	玉竹性平味甘，具有养阴清热、生津止咳、润燥等功效。主治口燥咽干、干咳少痰、风湿咳嗽、发热血汗、心烦心悸、热病烦渴、心脏病、糖尿病、结核病等症
选用标准	以条较粗壮，表面淡黄色，味甜糖质重者为佳

保管方式	晒干冷藏法	上市季节	秋季

22. 宝庆玉兰片

简介	宝庆玉兰片是用鲜嫩的冬笋或春笋经加工而成的干制品，形状和色泽像玉兰花的花瓣，故称玉兰片。颜色洁白，质嫩味香，是宴席上的山珍佳肴。根据竹笋生长和加工季节的不同分宝尖、冬片、桃片、春花四个种类。宝尖最佳，冬片次之，桃片第三，春花为下。《城步乡土志》载："冬笋连壳煮过焙其中，去壳切片，曰玉兰片，谓之山珍。"

产地	主产于娄底新化，邵阳城步、新宁、绥宁
烹饪应用	在烹饪中主要作配料使用，适用于炒、焖、炖等烹调方法，可作为湘菜名菜如子龙脱袍、东安仔鸡等的配料
营养价值	含有蛋白质、维生素、粗纤维、碳水化合物及钙、磷、铁、糖等多种营养物质
选用标准	凡表面光洁，呈玉白色或奶白色，只有刺鼻硫磺味而无其他气味者品质好；表面萎暗，呈灰白色者质量差

保管方式	常温贮存法	上市季节	每年"冬至"到次年的"清明"

23. 天鹅菇

简介	天鹅菇，又称松树菇，是指在松树林中生长，盛产期为农历三月及十月刚长出地面的菇类。据说这种菇是因为天鹅从上空飞过之后，它才会生长，所以叫天鹅菇。具有肉质肥厚鲜嫩、清甜芳香、香气浓郁、味道鲜美的特点，是种名贵的野生食用菌
产地	主产于永州市和郴州市

烹饪应用	可作主配料，适用于炒、烧、煮、蒸等多种烹调方法		
营养价值	具有高蛋白、低脂肪、多糖、多种氨基酸和多种维生素及人体所必需钾、钠、锌、锰、铜等微量元素等。还可入药，有强身、止痛、益肠胃、理气化痰等功能。此外，天鹅菇有多元醇，可医治糖尿病		
选用标准	以色泽呈暗红色，表面光滑，无破损者为佳		
保管方式	冷藏法、脱水保管法	上市季节	每年农历三月及十月

24. 阳明山烟笋

简介	双牌阳明山烟笋是采用阳明山原生态笋子，经过木炭文火焙烤至干，熏制成黑褐色而成。具有味香质脆、鲜嫩爽口的特点，被誉为“双牌冬季最珍贵食材”之一
产地	永州市双牌县阳明山

烹饪应用	可作主料，也可作为配料使用，适用于焖、炒、蒸等多种烹调方法，代表菜肴如油焖烟笋、烟笋鱿鱼肉丝等		
营养价值	含有碳水化合物、膳食纤维、维生素B_1、维生素B_2等多种营养物质，并富含铁、磷、镁、钙等微量元素。具有清热、消痰、镇静、治疗便秘的功效		
选用标准	以色泽美观、笋肉厚实、无异味者为佳		
保管方式	常温贮存法	上市季节	春季

课后练习题

一、单选题

1. 下列哪项不属于桂东县的三件宝之一（　　）。

A. 玲珑茶　　B. 黄菌干　　C. 花豆　　D. 苦笋

2. 五盖山榨笋产自湖南省（　　）。

A. 衡阳市　　B. 湘西自治州　　C. 郴州市　　D. 湘潭市

3. 下列哪项不是永州市特色山珍类食材（　　）。

A. 天鹅菇　　B. 江永香菇　　C. 阳明山笋　　D. 雁鹅菌

4. 下列哪项是茶陵“三宝”之一（　　）。

A. 笋子　　B. 白芷　　C. 红菇　　D. 香菇

5. 寒菌一般在每年（　　）月上市。

A. 10　　B. 2　　C. 6　　D. 12

二、判断题

1. 寒菌又名松乳菇、松菌，是一种深受欢迎的美味食用菌，被誉为“菌中王子”。其适合中国大部分山区和丘陵地区栽培，有菇圆肉厚，质嫩味鲜，香气浓郁，风味爽口的特点。（　　）
2. 罐罐菌主产于张家界市境内的腊尔山台地。（　　）
3. 桃江竹笋以新鲜厚实、节间长、肉质呈乳白色或蛋黄色、无虫害、无破损者为佳。（　　）
4. 莽山苦笋又称“仙笋”，味道清凉，口感脆爽，入口微苦，苦后而甘，鲜美无比。野生于海拔1600～2600米林间、草丛、高寒山区及崇山峻岭之中。（　　）
5. 汝城红菇风味独特，香馥爽口，素有“南方红参”之称。（　　）

三、思考题

1. 汝城红菇的营养价值有哪些？
2. 炎陵香菇的选用标准是什么？
3. 茶陵白芷的特色有哪些？具有什么样的营养功效？
4. 寒菌在烹饪中如何应用？
5. 雁鹅菌的选用标准及上市季节分别是什么？

项目四

果品类特色食材

任务1　果品类特色食材概述

一、任务驱动

1. 湖湘果品类特色食材的分布范围。
2. 湖湘果品类特色食材品种有哪些。
3. 列举10种代表性湖湘果品类特色食材。

本任务主要是学习湖湘果品类特色食材的基本知识，通过教师的演示、实物（图片）展示，要求学生能够掌握湖湘果品类特色食材的营养成分、分布范围、烹饪应用等。

二、知识链接

（一）湖湘果品类特色食材的品种

湖南水果产量占全国水果总产量的5.4%，全省栽培的果树较多的品种有柑橘、梨、桃、李、枣、柿、梅、杨梅、板栗、核桃、枇杷、葡萄、石榴13种。

（二）湖湘果品类特色食材的分布范围

湖南是以柑橘为主的多种水果产区，目前，全省68%以上的水果面积、78%以上的水果产量、三分之二的水果产值是柑橘。柑橘产量居全国第四位。柑橘产地有邵阳、永州、常德、怀化、湘西，桃子产地有长沙、常德、炎陵、张家界，李子产地有常德、保靖（鸡血李）、长沙（春华李）、衡山（白糖李），香柚产地有安江、江永、慈利、张家界，杨梅产地有怀化靖州、娄底（铁山杨梅），橙子产地有怀化（黔阳大红甜橙、靖州血橙）、郴州（冰糖橙、安仁龙海脐橙）、邵阳（新宁脐橙），金橘产地有浏阳，枇杷产地有益阳沅江，梨产地有长沙岳麓区、湘西、娄底（金秋梨），猕猴桃产地有湘西、张家界，西瓜产地有永州冷水滩区、祁阳县、常德市鼎城区、麻阳县、邵阳县、邵东县、衡阳县、岳阳，蓝莓产地有长沙（岳麓区莲花镇森蓝蓝莓基地）、衡阳（雁蓝蓝莓产业园），葡萄产地有长沙、衡阳、怀化、湘西、郴州（仙鹿牌葡萄），枣产地有溆浦县、祁东县、临武县、茶陵县、衡南县，草莓产地有长沙、衡阳、邵阳、常德等。

（三）湖湘果品类特色食材的营养成分（表2-4）

表2-4　湖湘果品类特色食材营养成分

蛋白质	坚果中含量较多，鲜果中含量较少
脂肪	主要存在于干果中，如花生、核桃、腰果、松子等
碳水化合物	果品中的碳水化合物主要有单糖、双糖、多糖以及淀粉、纤维素和果胶物质，鲜果中以单糖和双糖居多；干果中淀粉的含量较大
维生素	果品中的维生素含量较多，主要是水溶性维生素，其中含量最多的是维生素C，因此多吃水果可补充维生素的不足
矿物质	果品中还含有多种矿物质，如主要有钾、钙、镁、碘、铜、铁、锰、锌，此外还有钼、钴等微量元素
水分	果品中含有大量的水分，鲜果中占70%～90%，干果中水分的含量较低。含水量大是果品脆爽的主要因素，但水分含量大，不易贮存

（四）湖湘果品类特色食材的烹饪应用

湖湘果品类特色食材品种繁多，在烹饪中有着广泛的应用。

（1）果品绝大多数可以不经烹饪加工　可直接食用或作为餐前开胃菜，或运用于餐后。

（2）可作为菜肴、汤羹的主料　应用于甜菜甜羹的制作中，如湘菜中的拔丝湘莲、拔丝苹果、什锦水果羹等。

（3）作为菜肴的配料　应用于荤素菜肴的制作中，如草莓熘鸡片等。

（4）用于菜点的装饰与配色　如橘瓣、草莓、樱桃等常用于围边以及裱花蛋糕的点缀。

（5）用于立体的雕刻与造型　如西瓜盅、水果船等。

（6）用于面点馅心的配制　如五仁月饼、水果蛋挞、苹果派等。

（7）用于药膳及保健粥品的制作　如红枣莲子粥、桂圆八宝粥、冰糖湘莲等。

在使用果品时需注意以下几方面。

由于鲜果酸甜味突出，含水量大，维生素C丰富，色泽鲜艳，所以，多用于甜味菜肴的制作，并采用快速成菜法以保水、保色、保护维生素C。干果由于含水量少，本味不突出，所以适用于以咸、甜为主味的菜点中。快速加热如煎、炸、炒体现花生、核桃、松子、腰果等干果的干、香、酥。长时间加热如煮、炖、烧体现板栗、白果、莲子等干果的软、糯、沙。

任务2　果品类特色食材的特点及烹饪应用

一、任务驱动

1. 湖湘果品类特色食材各自有何特点？
2. 如何鉴别各地州市果品类特色食材？
3. 不同果品类特色食材在烹饪中如何运用？

二、知识链接

本任务主要是学习湖南各地州市果品类食材的特色及产地，通过教师的讲授、实物（图片）展示，要求学生能够掌握果品类特色食材的特点及选用标准，熟悉果品类特色食材在烹饪中的运用。

1. 资兴杨梅

简介	资兴杨梅种植历史悠久，具有个大、色乌、清香而味甜的特点，且摘下来保质期比普通杨梅要长，是湖南省优良地方品种，本地又以“糯米杨梅”品种为上品，其果大，核小，成熟时呈紫黑色，味甜汁多
产地	主产于郴州市资兴市

烹饪应用	鲜食或用来做成杨梅干，多用作甜菜、装饰等，酸甜可口，当地人用来泡制杨梅酒		
营养价值	富含糖分、有机酸、维生素、矿物质，具有补虚健胃、止渴、防衰老等功效		
选用标准	以色正、大小均匀、无损伤、肉质厚、酸甜味浓者为佳		
保管方式	低温保管法、脱水保管法、通风保管法	上市季节	夏季

2. 仙鹿葡萄

简介	仙鹿葡萄，每年7月中旬上市，该葡萄选用巨峰、藤穗、早峰、红富士等优良品种，采用无公害套袋技术管理，加上特殊的小气候和地热资源，使之穗大质优，果穗平均重500克以上，可溶性固形物含量16%～18%，具有颗粒大、味道甜、颜色鲜、糖分高、多汁等特点，1998年、1999年连续两年被评为湖南省优质水果金奖

产地	产于郴州市苏仙区白鹿洞镇		
烹饪应用	鲜食或用来做成葡萄干，葡萄干是烹饪中常用的原料，多用作甜菜、装饰等，酸甜可口		
营养价值	富含糖分、有机酸、维生素、矿物质，其糖分极多是葡萄糖，易被人体消化吸收。具有补虚健胃、止渴、防衰老等功效		
选用标准	以色正、大小均匀、无损伤、肉质厚、酸甜味浓者为佳		
保管方式	低温保管法、脱水保管法	上市季节	夏季

3. 湘莲

简介	湘莲，古称芙蕖，为睡莲科多年生水生草本植物。湘莲又称为“贡莲”，是因为自明洪武年开始，就成为历朝历代的皇家贡品。湘莲颗粒呈椭球体，圆壮、均匀、饱满，三粒成熟的莲子竖向对接总长度为一寸，故称“寸三莲”。湘莲肉色乳白，肉质细腻，具有清香味，其总糖、蛋白质等含量居全国三大莲种之首，被称为“中国第一莲子”。2010年，“湘莲”成为湘潭市第一个获得国家质量监督检验检疫总局批准的国家地理标志保护产品

产地	主要分布于湖南省湘潭县全县21个乡镇，湘潭市被冠以“中国湘莲之乡”
烹饪应用	湘莲可采用炖、煮、拔丝、煨等烹调方法，湘菜名菜中“冰糖湘莲”“五圆蒸鸡”“拔丝湘莲”“八宝果饭”等都与湘莲有关，在湘潭一代，至今还流传这样的风俗，每到重大节日，丰盛的宴席上往往以湘莲压席
营养价值	莲子具有补脾止泻，益肾涩清，养心安神的功效，用于脾虚久泻，遗精带下，心悸失眠
选用标准	莲颗粒呈椭球体，圆壮、均匀、饱满，三粒成熟的莲子竖向对接总长度为一寸

保管方式	干燥保管法	上市季节	四季皆有

4. 永兴冰糖橙

简介	永兴冰糖橙果形近球圆形，色泽鲜艳，果皮果肉橙黄，汁多肉脆，质香味浓，甜润爽口，口感极佳，皮薄少核或无核、具有清香味且耐贮存，品质极优。1999年至2005年连续七届获得湖南省农博会金奖和最畅销产品奖，是湖南省柑橘名牌产品

产地	主产于郴州市永兴县油麻乡、悦来镇、马田镇、复和镇、高亭镇、洋塘乡、油市镇、湘阴渡镇、便江镇、塘门口镇、黄泥镇、金龟镇、香梅乡、樟树镇、太和镇、柏林镇、鲤鱼塘镇共17个乡镇，2014年成为国家地理标志保护产品，郴州市北陲，素有“冰糖橙之乡”的美称		
烹饪应用	它既可鲜食，又可加工成橙汁、饮料、罐头、果酱、果冻等食品，风味各异，鲜美可口，备受消费者喜爱，还可提取香精油、果胶、陈皮苷、种植油等		
营养价值	富含柠檬酸、氨基酸、碳水化合物、脂肪、多种维生素、钙、磷、铁等营养成分。有生津止渴、清热解暑等功效		
选用标准	以色泽闪亮、橘色或深黄色、皮薄、清香者为佳		
保管方式	低温保管法、通风保管法	上市季节	秋季

5. 宜章脐橙

简介	宜章脐橙有果面光滑、皮泽橙红、皮薄易剥、味甜而浓、质脆化渣、富有香气的特点。宜章气候温暖，雨量充沛，无霜期长，昼夜温差大，非常适合脐橙生长，可种植脐橙的山地资源相当丰富，为国家地理标志证明商标。曾获湖南省第八届农博会金奖；湖南首届绿色食品博览会畅销优质农产品金奖
产地	主产于郴州市宜章县

烹饪应用	它既可鲜食，又可加工成橙汁、饮料、罐头、果酱、果冻等食品，风味各异，鲜美可口。也可用作甜菜、甜羹、水果拼盘的制作
营养价值	宜章的脐橙肉质脆嫩，风味独特，是优良的保健营养绿色食品，而且它的营养丰富，含有人体所必需的各类营养成分，经常食用具有降低胆固醇、分解脂肪、清火养颜、防癌抗癌、延年益寿之功效

选用标准	以色泽闪亮、橘色或深黄色、皮薄、清香者为佳		
保管方式	低温保管法、通风保管法	上市季节	秋季

6. 宜章蜜柚

简介	宜章蜜柚外形美观，皮薄光滑，单果重1.5～2.5千克，果肉饱满，蜡黄色，晶莹透亮，柔嫩多汁，酸甜适口，香气浓郁，无核，可食部分60%～68%，富含多种维生素与营养成分。果实10月中下旬采收。果实耐贮存，用塑料袋包装不需其他处理便可存放半年，品质仍佳，素有天然罐头之美称
产地	主产于郴州市宜章县

烹饪应用	它既可鲜食，又可加工成柚汁、果冻等食品，鲜美可口，也可用作水果拼盘的制作		
营养价值	柚肉中含有非常丰富的维生素C以及类胰岛素等成分，故有降血糖、降血脂、减肥、美肤养容、解酒毒等功效。此外还具有健胃、润肺、补血、清肠、利便等功效，可促进伤口愈合，对败血症等有良好的辅助疗效		
选用标准	以色泽闪亮、橘色或深黄色、皮薄、清香者为佳		
保管方式	低温保管法、通风保管法	上市季节	秋季

7. 炎陵黄桃

简介	炎陵黄桃，又称高山黄桃，栽种于湖南省炎陵县海拔300～1200米的山区，是生态营养安全的绿色食品水果，以香、脆、甜而闻名于世，享有“天上仙桃，炎陵黄桃”的美誉。具有桃形周正、着色均匀、果面亮泽、桃核周围果肉鲜红、甜度适中、酥脆可口、香气浓郁等特有品质
产地	主要分布于中村瑶族乡、霞阳镇、下村乡、龙溪乡、十都镇、沔渡镇、水口镇、策源乡8个乡镇

烹饪应用	除鲜食外，还可制罐头、果酱等。烹饪中主要用来作甜菜或烹饪的辅助原料和装饰点缀使用等，特别是在西点中使用较多
营养价值	富含多种维生素和微量元素。其中硒、锌等含量均明显高于其他普通桃子，还含有苹果酸、柠檬酸等成分。具有通便、降血糖、降血脂、降血压、祛除黑斑、延缓衰老、提高免疫功能等作用

选用标准	以皮与果均显金黄色，风味浓甜微酸，香气浓，外表无色斑缺陷或少许者为佳

保管方式	冷藏保管法	上市季节	一般是7月下旬开始采摘上市

8. 茶陵脐橙

简介	茶陵脐橙，又名甜橙、香橙，橙子。脐橙是为芸香科植物香橙的果实，因果顶内生有次生果，其形状酷似人的肚脐而得名，具有外形美观、色泽鲜艳、肉质脆嫩、风味香甜、无籽多汁且营养价值高等特点，深受消费者的青睐。茶陵县三面环山，冬暖夏凉，雨量充沛，无霜期长，非常适合脐橙的生长，茶陵脐橙1989年引进，多次获得农产品“金质奖”
产地	主产于株洲市茶陵县
烹饪应用	主要用来制作甜菜和辅助原料、装饰点缀等。既可鲜食，又可加工成以果汁为主的各种加工制品
营养价值	脐橙中富含柠檬酸、氨基酸、维生素A、维生素B_1、维生素B_2、维生素C，并富含钙、铁、磷、镁、钾、钠等元素，具有生津止咳、开胃下气的功效
选用标准	以色泽闪亮、橘色或深黄色、皮薄、清香者为佳

保管方式	低温保管法、通风保管法	上市季节	每年11月开始采摘上市

9. 张家界猕猴桃

简介	张家界猕猴桃，山里人叫“羊桃”，也称“藤桃”“基维果”，有果中之王的美称。果肉风味独特，香甜鲜美，酸中带甜，细嫩多汁，吃后满口芳香，余味无穷。皮黄绿色或黄褐色，皮薄，果肉淡绿色。《本草纲目》记载：“其形如梨，其色如桃，而猕猴喜食，无中生有叫猕猴桃”
产地	主产于张家界市境内桑植县、武陵源区
烹饪应用	主要用来作甜菜、烹饪的辅助原料和装饰点缀使用等，特别是在西点中使用较多。果实可以鲜食，也可以加工成果汁、果脯和果酱，是纯正的绿色食品
营养价值	猕猴桃富含多种维生素、氨基酸与矿物质，具有调中理气、清热生津润燥、止泻、健脾、滋补强力、清热利尿之功效

选用标准	以椭圆形、色香味俱佳、皮呈黄褐色、果毛细而不脱落、肉质翠绿、果心乳白、细嫩、汁多味香、酸甜可口、无损伤者为佳

保管方式	低温保管法、通风保管法	上市季节	每年8~10月上市

10. 张家界板栗

简介	张家界板栗，有“木本粮食”“干果之王”“铁杆庄稼”等美称。品种主要有大庸栗、毛板栗、油板栗、米板栗、旋栗等，果实长成球形，外壳带刺，里面光滑成紫色，果肉黄白，清香脆甜，耐储藏，成熟以后，外壳自然张开，栗子随风脱落
产地	产于湖南张家界武陵源区

烹饪应用	可作为制作菜肴的主配料，可加工栗干、栗粉、栗酱等多种产品，可直接用于加工，也可用于配料或馅心。常见菜肴有板栗烧鸡、板栗烧鸭、板栗烧排骨、板栗红烧肉、板栗烧蘑菇、板栗焖鸡腿、板栗乌鸡汤、板栗炖白菜等
营养价值	板栗含有淀粉、维生素、矿物质、蛋白质、膳食纤维等多种营养素，有益气健胃、强心活血、健脾补肾的作用，主治反胃、便血、吐血等症，老少皆宜
选用标准	以粒大饱满、干爽、无霉变、无虫蛀、无损伤、无异味、果大味美、色艳、清香脆甜者为佳

保管方式	密封保管法、干燥保管法	上市季节	每年9~11月上市

11. 慈利金香柚

简介	金香柚是色、香、味三绝的中国名柚，果实在八月成熟时，整个果实都会开裂，因此又可以称作“八月炸”。果皮光滑，色泽金黄，香气浓郁，果肉白色或者米黄色，外形呈长圆形，汁液丰满，清脆柔软，品质极佳，是上等的果中精品。《九溪卫志》载：“卫城产柑、橘、柚，他处者不及也。”
产地	原产湖南省慈利县江垭镇九溪村（现为九溪居委会），以天子山一带较多

烹饪应用	果实可以鲜食，可作为烹饪馅心原料，可作果盘，也可以加工成果汁、果酱、果酒、果脯等
营养价值	含丰富的糖、12种氨基酸、维生素B_1、维生素B_2、维生素C、胡萝卜素、钾、钙、磷等。具有理气化痰、润肺清肠、补血健脾等功效

选用标准	以果香味甜、果实呈圆柱形、果皮金黄色、有持久的浓郁芳香、果肉呈米黄色、香甜爽气、汁液丰溢、落口消融者为佳		
保管方式	低温保管法、通风保管法	上市季节	每年8～11月上市

12. 菊花芯柚子

简介	"菊花芯"柚，原名"大庸菊花芯柚"，因果脐部有放射状的沟纹，像菊花的形状而得名。果形微偏微凹，果皮呈深橙黄色，果肉深红色，肉质脆嫩，甜酸适口，营养丰富，品质优良，耐贮耐运，有"柚子王"之称。2007年度，张家界菊花芯柚荣获全市柑橘鉴评"优质奖"
产地	产于张家界境内永定区

烹饪应用	果实可以鲜食，可作为烹饪馅心原料，可作果盘，也可以加工成果汁、果酱、果酒、果脯等		
营养价值	菊花芯柚富含多种维生素，如维生素C，多种矿物质元素，不但味美可口，营养丰富，而且还有健胃消食、化痰止咳等作用		
选用标准	以果实呈扁圆形、质韧而不易剥、果肉呈红色、红晶透亮、脆嫩细腻、柔软汁多、清香味美、化渣爽口、风味浓美者为佳		
保管方式	低温保管法、通风保管法	上市季节	每年10～11月上市

13. 张家界椪柑

简介	又名芦柑，张家界椪柑单果重150～160克，具有果型端庄，外观美，果面橙红，果实呈扁圆形，果皮橙红，皮薄光泽，油胞细腻，肉质细嫩，味浓化渣，甜酸可口，内质优的品质特点
产地	产于张家界市武陵源区

烹饪应用	果实可以鲜食，可作为菜点配料，应用于荤素菜肴的制作中，可作调味原料，可用果汁作调料烹制菜点，如椪柑汁烩鸭，可作烹饪馅心原料，作果盘，也可以加工成果汁、果酱、果酒、果脯等
营养价值	可溶性固形物含量12%～13%，富含维生素C，含水量大，具有生津止渴、润燥、和胃、利尿、醒酒等作用

选用标准	以果肉脆嫩、化渣爽口、甜酸可口、汁多味甜、色泽鲜美、皮薄光泽易剥、浓甜脆嫩、组织紧密者为佳
保管方式	低温保管法、通风保管法
上市季节	每年11～12月

14. 湘西椪柑

简介	湘西椪柑又名芦柑、白橘、勐版橘、梅柑。湘西州属亚热带季风气候，四季分明，降水充沛，光照充足，夏无酷暑，冬少严寒，非常适宜柑橘生长，是中国果品协会认定的“中国椪柑之乡”。湘西生产的椪柑素有“橘中之王”之美称。果实具有大小适中，呈扁圆形，果色橙黄，果皮易剥离，色泽鲜美肉质脆嫩化渣，汁多味浓，风味浓郁，可溶性固形物高等特点。湘西自治州椪柑种植历史悠久，可追溯至春秋时期，楚国士大夫屈原曾在《橘颂》中赞誉“后皇嘉树生南国”。为历代朝廷贡品，1949年后曾大量出口，享誉甚高
产地	湖南省西北部，地处湘鄂渝黔四省市交界处
烹饪应用	主要用来制作烹饪甜菜和辅助原料、装饰点缀使用等。既可鲜食，又可加工成以果汁为主的各种加工制品
营养价值	富含多种维生素、矿物质、纤维素及胡萝卜素，具有生津止渴、润燥、和胃、止咳化痰等功效
选用标准	以色泽闪亮、橘色或深黄色、皮薄、清香者为佳
保管方式	低温保管法、通风保管法
上市季节	夏末初秋

15. 金秋梨

简介	金秋梨，外观金黄、晶莹透亮，肉质具有白、脆、嫩、细、汁多味甜等特点，素有“南方梨王”美称。金秋梨起源于高海拔山地（400米），果实成熟时气候凉爽，果实耐贮藏
产地	怀化市溆浦县
烹饪应用	主要用来制作烹饪甜菜和辅助原料、装饰点缀使用等。既可鲜食，又可加工成以果汁为主的各种加工制品

营养价值	具有健胃消食、润肺止咳、清热化痰、解酒醒酒、防癌抗癌等多种营养保健功效
选用标准	以果皮橙红或橙黄色，果大扁圆形，肉质脆嫩，化渣爽口，酸甜适度，清香浓郁，耐储藏者为佳
保管方式	低温保管法、通风保管法	上市季节	夏末初秋

16. 北山梅

简介	北山有湖，名曰丰梅。其中蒿塘坳产的为“四月梅”，安冲产的是“五月梅”，均为国家宝贵的果树资源品种，“四月梅”果似椭圆形，果皮底色浅绿，茸毛较薄，皮薄尖韧剥离难，果肉厚，黄绿色，5月中旬成熟。“五月梅”果形圆，果面底色深绿，茸毛厚而密，果肉近皮部黄绿色，近核处黄白色，6月上中旬成熟，长沙县北山梅栽培历史悠久，两百多年前就享有称誉，被誉为长沙四大名果之一
产地	主产于长沙县北山
烹饪应用	北山梅在传统的做法，一是酿酒，口感绵柔，先酸后甜；二是制成紫苏梅，传统方式制成紫苏梅更是酸甜爽口
营养价值	富含维生素、氨基酸、蛋白质和无机盐等多种人体必需的营养物质，具有镇咳、祛痰、解热的功效，被人们视为果中珍品
选用标准	以果大汁多、色正美观、无损伤、无虫蛀、无斑点者为佳
保管方式	低温贮存法、气调贮存法	上市季节	5～6月

17. 石门柑橘

简介	石门柑橘果实每年九、十月间成熟，外形扁圆，大小均匀，整齐美观。果皮色泽金黄，鲜亮光滑，薄韧易剥。果肉由10～13个囊瓣组成，汁多，无核，化渣，含糖量高，甜香爽口，风味浓郁，石门县自古产橘。唐朝弘文馆校书郎、著名诗人李群玉（湖南澧县籍）在《石门韦明府为致东阳潭石鲫鲙》诗作中，有“隽味品流知第一，更劳霜橘助芼鲜”句，对石门柑橘给予了“品味第一”的崇高评价
产地	主产于常德市石门县

烹饪应用	可作辅料和菜肴的装饰点缀，还可用来制作甜菜、甜品等。既可鲜食，又可加工成以果汁为主的各种加工制品		
营养价值	含有多种维生素、矿物质、纤维素及胡萝卜素，有较好的营养价值，具有开胃、止渴润肺、止咳化痰的功效		
选用标准	以色泽闪亮、橘色或深黄色、皮薄、清香者为佳		
保管方式	低温保管法、通风保管法	上市季节	秋季

18. 临澧杂柑

简介	临澧杂柑属于杂柑品种“象山红”优系。果实扁球形，外观色泽红亮，果皮易剥，食用方便，单果重200克左右，大小整齐，耐储存。临澧杂柑果肉柔嫩多汁化渣、香甜爽口、营养丰富、糖酸比适中，宋代开始，临澧大量种植柑橘，清朝同治年间（1862—1874年），《安福县志》记载，临澧柑橘有牛竹、狮头、龙爪等品种，作为极品水果进贡

产地	主产于湖南省常德市临澧县		
烹饪应用	可作辅料和菜肴的装饰点缀，还可用来制作甜菜、甜品等。既可鲜食，又可加工成以果汁为主的各种加工制品		
营养价值	富含多种水溶性纤维、维生素C、β-胡萝卜素、硒等多种营养元素，具有开胃、止咳润肺、化痰等功效		
选用标准	以橘色或深黄色、皮薄、味甜、清香者为佳		
保管方式	低温保管法、通风保管法	上市季节	秋季

19. 纹山珍珠枣

简介	纹山珍珠枣是湖南省优良品种之一，清代贡品。年产量100余吨。果呈圆球状，较一般枣小，有光泽，形似珍珠；果肉厚，核小或近于无核，味道鲜甜
产地	主产于衡阳市衡南县泉溪、茶市、洪山一带

烹饪应用	可作为鲜果，也可以制成果干，适合拔丝、炖、煨等烹调方法，也可用作面点的辅料或馅心，如制作甜菜或枣泥馅，代表菜肴如拔丝蜜枣、珍珠枣炖土鸡等
营养价值	富含蛋白质、脂肪、碳水化合物、维生素、矿物质等多种营养物质，具有补益脾胃、滋养阴血、安心养神、缓和药性的功效
选用标准	以无霉变、无虫蛀、香味浓者为佳
保管方式	低温保管法、通风保管法 　上市季节：夏季

20. 衡山九龙白糖李

简介	衡山九龙白糖李别名嘉庆子、布霖、李子、玉皇李、山李子。有300余年栽培历史。果实扁圆形，外皮黄绿色，皮薄而坚韧，果肉致密，黄白色。6月成熟，果实中等大，单果重30克左右。果肉具有肉脆、核小、味甜、汁多、纤维少的特点
产地	主产于衡阳市衡山县
烹饪应用	既可鲜食，又可加工成罐头、果干、果脯、果酒等各种加工制品
营养价值	含有多种维生素和矿物质，具有润肺生津、止咳、和中益肺、舒缓肝气、滋阴、调味、除口臭、解盐卤毒的功效
选用标准	以果顶纯圆稍尖，完熟后质地柔软多汁，味甜，稍有芳香者为佳
保管方式	低温保管法、通风保管法 　上市季节：夏秋季节

21. 祁东脆枣

简介	祁东脆枣是从糖枣芽变枝条中选育出的南方鲜食枣新品种，果实呈椭圆或长椭圆形，果面淡红或黄白色，果面光滑，无锈斑或污点，晶莹剔透。祁东脆枣生长在紫色页岩、以石灰岩风化物为主的土壤里，果实成熟一般在8、9月份，昼夜温差大，糖分累积高，皮薄肉脆，核小肉多，口感特别酥脆香甜，具有产量高、品质优、耐贮藏、易加工等优良特性
产地	主产于衡阳市祁东县

烹饪应用	可作为果干原料，也可用作面点的辅料或馅心，如制作甜菜或枣泥馅。		
营养价值	含有多种氨基酸，富含维生素C、维生素A、维生素E、维生素P以及钾、铜等多种微量元素以及铁、钙、磷等矿物质，有补益脾胃、滋养阴血、安心养神、缓和药性的功效		
选用标准	以个体均匀，白里透红，无霉变，无虫蛀，香味浓者为佳		
保管方式	低温保管法、通风保管法	上市季节	秋冬季节

22. 湘潭龙口荸荠

简介	荸荠又名马蹄、水栗、芍、凫茈、乌芋、菩荠、地梨、茨瓜儿、慈姑，因它形如马蹄，所以俗称马蹄，为莎草科荸荠属多年生浅水性草本植物，以球茎作蔬菜食用。龙口荸荠具有个大饱满、皮薄肉细、味甜爽脆、无渣的特点
产地	湘潭县南边陲龙口乡

烹饪应用	荸荠既可生吃，又可作为蔬菜或配料成菜，适用于炒、烧、炸、拌、拔丝、蜜汁等烹调方法，代表菜如排骨炖荸荠，湘菜中加工蓉泥菜肴时都需要添加切碎的荸荠，可以在肉馅中形成松脆的口感		
营养价值	含有丰富的淀粉、多种维生素、少许蛋白质和矿物质，具有清热解毒、凉血化湿、消食除胀、利尿通淋等作用		
选用标准	以个大饱满、新鲜洁净、皮薄肉细、味甜爽脆、呈深栗色或枣红色、无渣者质佳		
保管方式	窖藏法、低温保管法、密封保管法	上市季节	每年春末夏初育苗，大暑至立秋前栽种，冬季收获

23. 靖州杨梅

简介	靖州杨梅是指分布于靖州地区的杨梅种群，包含栽植杨梅。靖州杨梅已有上千年的栽培史，以色泽呈乌、酸甜适度、果大核小、品质优良、营养丰富而著称。靖州杨梅果实较大，平均单产重11.6克，最大单果可达30克，果实肉质多，果核小，果实球形，果顶有放射状沟，直达果实中部，肉柱圆钝，有油浸似光泽，其色由红转乌，味甜酸可口，《靖州乡土志》诗云："木洞杨梅尤擅名，中园梨栗亦争鸣，百钱且得论摊买，恨不移根植上京。"清代，靖州杨梅是朝圣的贡品

产地	主产于靖州县坳上、甘棠、大堡子、三秋、艮山口等16个乡镇（管委会）的52个村		
烹饪应用	作为水果，杨梅不仅可以直接食用还可以做成美味果汁和果酱，如杨梅酒、杨梅果酱等，也可做成菜肴和点心，如杨梅发糕、杨梅排骨、杨梅熬苦瓜等		
营养价值	富含纤维素、矿质元素、维生素和一定量的蛋白质、脂肪、果胶及8种对人体有益的氨基酸，其果实中钙、磷、铁含量要高出其他水果10多倍。具有开胃健脾、生津止渴、消暑除烦的功效		
选用标准	以果大汁多，色正美观、无损伤、无虫蛀、无斑点者为佳		
保管方式	冷藏法、通风保藏法、常温保藏法	上市季节	6～7月上市

24. 湘珍珠葡萄

简介	湘珍珠葡萄属于葡萄科刺葡萄种群，经野生驯化而来，拥有400多年的刺葡萄种植历史，是中国原生态特有的野生葡萄品种。湘珍珠葡萄果形圆润，果皮紫黑发亮、晶莹欲滴，酷似“黑珍珠”。肉质细嫩软滑，多汁多籽，清甜爽口，具有独特的山野清香
产地	主产于湖南省怀化市中方县、芷江侗族自治县、鹤城区和洪江市现辖行政区域

烹饪应用	鲜食或用来做成葡萄干，葡萄干是烹饪中常用的原料，多用作甜菜、馅心、装饰等，酸甜可口		
营养价值	富含糖分、有机酸、维生素、矿物质，其糖分极多且是葡萄糖，易被人体吸收，具有补益气血、通淋消肿、利小便、滋肾益肝的功效		
选用标准	以色正、大小均匀、无损伤、肉质厚、酸甜味浓者为佳		
保管方式	低温保管法	上市季节	8～9月上市

25. 麻阳柑橘

简介	麻阳柑橘属于芸香科植物，又名芦柑、白橘、勐版橘、梅柑。果实11月中、下旬至12月成熟，较耐贮藏，麻阳因为地理环境柑橘成为当地一种特产，麻阳柑橘皮脆，果粒大，味甘甜，麻阳柑橘栽培具有十分悠久的历史，据县志记载：历来就有种植，品种为朱橘、皱皮柑、酸橙为主，并称“唐武德置麻阳本地土著瑶人，军民戍边垦植，山峦之地得以开发”

产地	湖南省麻阳县现辖区内
烹饪应用	主要用来制作烹饪甜菜和辅助原料、装饰点缀使用等，既可鲜食，又可加工成果汁为主的各种加工制品，菜肴有拔丝柑橘
营养价值	橘子内侧薄皮含有膳食纤维及果胶，可促进通便，降低胆固醇。橘皮苷可以加强毛细血管的韧性，具有降血压、扩张心脏的冠状动脉的功效
选用标准	以果形椭圆，着色好，果实大而无核，肉质细腻，清香可口者为最佳

保管方式	冷藏法、常温保藏法	上市季节	秋冬季节上市

26. 大祟金秋梨

简介	大祟金秋梨果大，外观金黄、晶莹透亮，具有肉质白、脆、嫩、细、汁多味甜等特性，有“南方梨王”美称，曾在全国农副产品博览会上，被评为“金奖”
产地	主产于怀化洪江市大祟乡
烹饪应用	金秋梨不仅可以作水果食用，还可以用在烹饪当中，例如冰糖银耳炖梨、川贝炖梨、秋梨蛋羹、秋梨糕等
营养价值	金秋梨味甘微酸、性凉，入肺、胃经；有生津、润燥、清热、化痰、解酒的作用，用于热病伤阴或阴虚所致的干咳、口渴、便秘等症
选用标准	以果大、皮薄、肉嫩、汁多、味甜者为佳

保管方式	冷藏法、通风储藏法	上市季节	每年8～10月成熟

27. 麻阳小籽花生

简介	品种主要有珍珠豆型、本地小籽花生和普通型中籽花生，一般全生育期120～150天，麻阳县产的花生多在砂质壤土种植，果皮薄，籽粒饱满，每类种子两粒，出仁率和含油量高，特别是小籽花生，含油量在52%左右，含蛋白质在30%左右，籽仁较小整齐如珍珠，种皮红色，既适于榨油、炒食，又适于加工，“麻阳十八怪系列花生”产品就是以小籽花生为主要原料而加工生产的

产地	主产于麻阳县郭公坪、和平溪、黄双、锦和等乡镇
烹饪应用	麻阳小籽花生可用于加工成优质的食用油，花生仁经油炸成熟后，香脆诱人，多用于制作主料、配料和馅心，或加工成花生酱、油炸花生米、卤花生、响铃花生、花生牛轧糖等可口的美食
营养价值	富含蛋白质、脂肪、矿物质及维生素，其中以维生素E最多，维生素C、B族维生素次之，具有健脑增忆、润肺化痰、滋养调气的功效
选用标准	以果皮薄，籽仁饱满，较小整齐如珍珠，种皮红色者为佳
保管方式	密封保存法、干燥通风保存法
上市季节	秋季采收，四季皆有

28. 崀山脐橙

简介	崀山脐橙又名新宁脐橙，主要栽培品种为崀丰、纽荷尔、丰脐、福本等，果实圆球或倒卵形，色泽橙黄或橙红，油胞中等，多为闭脐。明代万历《新宁县志》土产篇已有栽培柑橘的记载。在水庙镇水庙村、高桥镇长坪村、回龙镇龙口里一带有野生宜昌橙群落
产地	邵阳新宁水庙镇、飞仙桥乡、崀山镇、金石镇等乡镇
烹饪应用	崀山脐橙作为优特农产品，鲜食极佳，在食品加工和烹饪中也被广泛使用，如果汁饮料加工、果酱加工、果酒酿造、果派加工、陈皮加工
营养价值	内侧薄皮含有膳食纤维及果胶，可促进通便，降低胆固醇，橙汁能软化血管，增强心脑机能，并可预防癌症、脑卒中、糖尿病和其他慢性病
选用标准	以色泽橙红，果面细腻，风味浓甜，汁胞细嫩，富有香气者为佳
保管方式	常温贮存法
上市季节	秋季

29. 雪峰蜜橘

简介	雪峰蜜橘，又称“无核蜜橘”，盛产于湖南省邵阳市洞口县。20世纪70年代初，经周恩来总理审定，以“雪峰蜜橘”商标出口，因此得名。雪峰蜜橘色泽鲜艳，皮薄汁多，瓤瓣匀整，果肉脆嫩，甜味浓郁，并有蜂蜜的香醇，吃来沁人心脾，回味无穷。2007年1月12日，国家质量监督检验检疫总局批准对“雪峰蜜橘”实施地理标志产品保护

产地	主产于邵阳洞口醪田镇、水东乡、石柱乡、花园镇等14个乡镇现辖行政区域
烹饪应用	既可鲜食，又可加工制成糖水橘瓣罐头和橘子汁，还可制成蜜饯、果酱、酿制成橘子酒等，在烹饪中可以用来制作拔丝蜜橘等菜肴
营养价值	橘皮、橘络等均为常用的中药材和医药化工原料。有预防败血症、防治血管硬化、脑溢血、止咳化痰等功能
选用标准	以色泽鲜艳、皮薄光滑、肉质脆嫩、无核多汁、甜酸适度者为佳
保管方式	冷藏法、常温保管法
上市季节	秋季

30. 新田板栗

简介	新田板栗产于新田秀峰山崇山峻岭之中，因空气新鲜、环境无污染，土壤含硒量高，培育出果实大小均匀、淀粉含量高、质量优质
产地	主产于永州市新田县秀峰山崇山峻岭之中
烹饪应用	可鲜食，也可用于菜肴的配料，如板栗炖鸡块
营养价值	含蛋白质5.7%、脂肪2%、碳水化合物62%、维生素和人体不可缺少的硒微量元素。具有健脾养胃、止血消肿、强筋健骨的功效
选用标准	以果实大小均匀，颜色鲜艳者为佳
保管方式	常温贮存法
上市季节	秋季

31. 隆回腰带柿

简介	腰带柿苗语为“比曼机选”。每颗150～250克，呈橘黄色，柿子的中部有一圈凹陷的“线”，形如一条“腰带”，所以称腰带柿。果皮光滑，色泽美观，无纵沟，果顶凹状，果脐陷。果肉橙红色，汁多味甜，糖、蛋白质、脂肪含量高，是地方优良水果品种。隆回无核腰带柿和腰带柿分别荣获国家柿子品种第七名，南方品种第一名，是一个非常有潜力的鲜食品种

产地	邵阳隆回多数乡镇均产，以团结镇为主要产区
烹饪应用	鲜果采摘后须经浸泡脱涩处理方可食用。一般把鲜柿放在清水中与柿叶一起浸泡7天，采用自然晒干制成柿饼
营养价值	在医药上，柿子能止血润便，缓和痔疾肿痛，降血压。柿饼可以润脾补胃，润肺止血。柿霜饼和柿霜能润肺生津，祛痰镇咳，压胃热，解酒，疗口疮。柿蒂下气止呃，治呃逆和夜尿症
选用标准	以果皮光滑，色泽美观，无纵沟，果顶凹状，果脐陷，果肉橙红色，汁多味甜者为佳
保管方式	鲜果冷藏法、柿饼常温贮存法
上市季节	秋季

32. 瑶山雪梨

简介	瑶山雪梨果形端正，果大，成熟后黄绿色或浅绿色，光泽鲜亮，散发香甜气味。具有果肉洁白，质地细腻，脆嫩无渣，清香爽口、核小皮薄、汁液丰富，风味好，果心小，可食率高的特点。是湖南省永州市江华瑶族自治县特产，2012年成为全国农产品地理标志
产地	主产于永州市江华县沱江镇、大路铺镇、桥头铺镇、白芒营镇、涛圩镇5个乡镇
烹饪应用	主要用来制作烹饪甜菜和辅助原料、装饰点缀使用等。既可鲜食，又可加工成以果汁为主的各种加工制品
营养价值	具有健胃消食、润肺止咳、清热化痰、解酒醒酒、防癌抗癌等多种营养保健功效
选用标准	以果形端正、果大、光泽鲜亮、核小皮薄者为佳
保管方式	冷藏法、常温保管法
上市季节	夏季

33. 皱皮柑

简介	皱皮柑囊瓣呈短肾形，瓣内橙黄色，柔软多汁。《本草纲目》载此柑在汉朝由李衡始种于武陵洲上，明时荆州等地为盛，唐朝大诗人杜甫游华容县禹山时写有“禹庙空山里，秋风落日斜。荒庭垂橘柚，古屋画龙蛇”之诗句，说明华容盛产橘柑。清道光五年《洞庭湖志》载：“所以洞庭柑最佳”，是因为华容道位于洞庭湖边，水气上腾，能使柑避霜，味好而且产量高

产地	主产于岳阳华容县东山镇、三封寺镇、万庚镇、胜峰乡、南山乡、终南乡6个乡镇		
烹饪应用	它既可鲜食，又可加工成柑汁、饮料、罐头等食品，风味各异，鲜美可口		
营养价值	含丰富的黄酮成分，有很大的药用和食疗养生价值		
选用标准	以柑扁圆形，形似柿饼，大小整齐，皮橙黄色，密布皱纹，凹凸不平，凸起部分宛如一粒粒玛瑙者为佳		
保管方式	常温保存法、冷藏法	上市季节	每年八月

34. 江永香柚

简介	江永县素有“天然大温室”之称，适宜种植香柚。江永香柚，果实形似葫芦或梨形、果大，单果生1～2千克，成熟后色泽金黄，光泽鲜亮，散发芳香气味。江永香柚果底有铜钱般的圆圈印环，俗称“金钱花”，是辨别真假香柚的标志。2008年成为全国农产品地理标志		
产地	主产于永州市江永县		
烹饪应用	既可鲜食，又可加工成以果汁为主的各种加工制品。还可以作为水果拼盘、西点制作原材料		
营养价值	现代医药学研究发现，柚肉中含有非常丰富的维生素C以及类胰岛素等成分，有降血糖、降血脂、减肥、美肤养容等功效。经常食用，对糖尿病、血管硬化等疾病有辅助治疗作用，对肥胖者有健体养颜功能		
选用标准	以香柚果肉晶莹似玉、汁多脆嫩、香甜可口、果底有铜钱般的圆圈印环者为佳		
保管方式	常温贮存法	上市季节	秋季

35. 祁阳乌梅

简介	祁阳乌梅栽培历史悠久，已有400多年的历史。五月中旬果实未成熟时，将青梅采摘回家，用杉木炭灰拌匀后，炭火烤干即成乌梅。有青梅和红梅两大类，青梅分桃梅和药梅，果实未成熟时幸免为青色，完全成熟时仍为青黄色。红梅分鸭蛋梅和李梅，成熟过程中向阳面红色逐渐加深
产地	主产于永州祁阳睦关头、云盘甸、太白山、赤塘等乡之低矮丘陵山地上

烹饪应用	一是酿酒，口感绵柔，先酸后甜；二是制成紫苏梅，酸甜爽口
营养价值	有止渴、解热、镇吐、止咳、生津、驱虫等功效
选用标准	以果大汁多、色正美观、无损伤、无虫蛀者为佳
保管方式	常温贮存法	上市季节	五月中旬

36. 道州红瓜子

简介	据清代《道州志》记载，道州红瓜子在道县种植已有200多年历史，因其颜色鲜红而得名。具有籽粒饱满，颜色鲜红，味道香美的特点，曾在广州交易会上多次展出，受到好评。用这种红瓜子招待客人，大为增色，是喜庆节日备用的佳品
产地	主产于永州市道县
烹饪应用	可生食，在烹饪中主要用于糕点的制作
营养价值	含有蛋白质、脂肪和多种维生素，具有利尿、助消化等功能
选用标准	以籽粒饱满，颜色鲜红者为佳
保管方式	常温密封保管法	上市季节	每年7月下旬

37. 道州脐橙

简介	道州脐橙具有香、脆、甜的独特风味。因其品质优、销量大、口感好、风味独特而闻名海内外
产地	主产于永州道县
烹饪应用	主要用来制作甜菜和辅助原料、装饰点缀等。既可鲜食，又可加工成以果汁为主的各种加工制品

营养价值	富含柠檬酸、氨基酸、维生素A、维生素B_1、维生素B_2、维生素C，并富含钙、铁、磷、镁、钾、钠等元素，具有生津止咳、开胃下气的功效
选用标准	以色泽闪亮、橘色或深黄色、皮薄、清香者为佳
保管方式	低温保管法、通风保管法
上市季节	秋季

38. 新田花生

简介	新田县的土壤和气候适宜种植花生，种植花生历史悠久。培育出来的花生颗粒饱满，色泽鲜艳，成为传统经济作物，是湖南省永州市新田县的特产
产地	主产于永州市新田县
烹饪应用	花生在烹饪中应用广泛，可作主料或配料，也可在糕点制作中使用。代表菜肴如醋泡花生米、油炸花生米等，在制作香辣味型菜肴时放点油炸花生米能改善口味
营养价值	富含蛋白质、钙、磷、铁等营养物质，具有促生长、抗衰老、止血造血的功效
选用标准	以颗粒饱满，色泽鲜艳者为佳
保管方式	晒干常温贮存法
上市季节	夏末

39. 蓝山金橘

简介	蓝山金橘又名蓝山金弹，自清中叶开始引种，为大果型良种。树粗矮，结果多又大，果呈椭圆形，果实具有特殊芳香，既可带皮生食，又宜加工成金钱橘饼、金钱花或金钱罐头等
产地	主产于永州市蓝山县
烹饪应用	主要用来制作烹饪甜菜和辅助原料、装饰点缀使用等，既可鲜食，又可加工成果汁为主的各种加工制品，菜肴有拔丝金橘等
营养价值	富含维生素C和多种矿物质，用冰糖蒸食，有顺气润肺、消痰止咳、通鼻解胃之功效，对治疗支气管炎和哮喘效果显著

选用标准	以果椭圆形、橙黄、多汁者为佳		
保管方式	常温贮存法	上市季节	春节前夕

课后练习题

一、单选题

1. 资兴杨梅产自湖南省（　　）。

A. 怀化市　　B. 郴州市　　C. 张家界市　　D. 株洲市

2. 仙鹿葡萄属优质绿色无公害、无污染食品，连续（　　）年被评为湖南省优质水果金奖。

A. 2　　B. 3　　C. 4　　D. 5

3. 永兴冰糖橙果形端正、色泽鲜艳、皮薄少核、汁多肉脆、甜润爽口、质香味浓，品质极优，连续（　　）届获得湖南省农博会金奖和最畅销产品奖。

A. 4　　B. 5　　C. 6　　D. 7

4. 宜章脐橙2006年5月被中国绿色食品发展中心认定为绿色食品（　　）级产品。

A. A　　B. B　　C. C　　D. D

5. 炎陵黄桃一般是每年（　　）上市。

A. 6月下旬　　B. 7月下旬　　C. 8月上旬　　D. 7月上旬

二、判断题

1. 炎陵黄桃，又称高山黄桃，栽种于湖南省炎陵县海拔300～1200米的山区，是生态营养安全的绿色食品水果，以香、脆、甜而闻名于世，享有“天上仙桃，炎陵黄桃”的美誉。（　　）

2. 茶陵脐橙品质优良、无籽多汁、色泽鲜艳。1997～1999年在全省名优水果评比会上连续2年获得“金质奖”，市场上年年供不应求。（　　）

3. 张家界猕猴桃，山里人叫“羊桃”，也称“藤桃”“基维果”，有果中之王的美称。每年7到8月上市。（　　）

4. 金香柚是色、香、味三绝的中国名柚，果实在八月成熟时，整个果实都会开裂，因此又可以称作“八月炸”。（　　）

5. 张家界椪柑又名芦柑，单果重150～160克，具有果型端庄，外观美，果面橙红，果实呈扁圆形，果皮橙红，皮薄光泽，油胞细腻，肉质细嫩，味浓化渣，甜酸可口，内质优的品质特点。(　　)

三、思考题

1. 炎陵黄桃具有什么样的营养价值？
2. 茶陵脐橙和宜章脐橙各自有何特色？
3. 张家界猕猴桃的选用标准有哪些？
4. 石门柑橘有何特色？在烹饪中如何应用？
5. 纹山珍珠枣的选用标准及上市季节分别是什么？

模块三

湖湘动物性特色食材

模块导读

湖湘动物性特色食材是指从湖湘特色动物来源的食材，包括畜禽肉、蛋类、水产品、奶及其制品等，为人体提供蛋白质、脂肪、矿物质、维生素A和B族维生素。湖湘动物性特色食材是湘菜烹饪中重要的一类，是禽类、畜类、水产类食材的总称。湖湘动物性特色食材在湘菜烹饪原料中占的比例较大，是湖湘人们餐桌上不可缺少的烹饪原料之一，其品种丰富。不同类型的动物食物之间的营养价值相差较大，只是在给人体提供蛋白质方面十分接近。湖湘动物性特色食材有宁乡猪、大围子猪、沙子岭猪、湘西黑猪、黔邵花猪、滨湖水牛、湘西黄牛、湘南黄牛、马头山羊、湘东黑山羊、桃源鸡、黄郎鸡（湘黄鸡）、临武鸭、攸县麻鸭、溆浦鹅、武冈铜鹅、酃县白鹅17个品种。

学习目标

1. 了解湖南各地州市动物性特色食材的分类
2. 熟悉湖南各地州市动物性特色食材的特色、产地、营养价值、保管方式和上市季节
3. 具有鉴别各地州市动物性特色食材选用标准的能力
4. 了解各地州市动物性特色食材在湘菜烹饪中的应用

学习准备

在日常生活中各位同学都接触了一些常见的动物性原料，了解他们的大概特点，但对湖湘动物性特色食材的特色及烹饪应用了解较少。需要通过网络了解湖湘各地州市动物性特色食材的特色及烹饪应用；各位同学来自不同地方，需对各自地方的特色食材进行考察学习，相互交流，便于在学习中能够灵活运用。

项目一

禽类特色食材

任务1　禽类特色食材概述

一、任务驱动

1. 湖湘禽类特色食材的分布范围。
2. 湖湘禽类特色食材的营养成分。
3. 列举10种代表性湖湘禽类特色食材。

本任务主要是学习湖湘禽类特色食材的基本知识，通过教师的演示、实物（图片）展示，要求学生能够掌握湖湘禽类特色食材的营养成分、分布范围、烹饪应用等。

二、知识链接

（一）湖湘禽类特色食材概念及分布范围

湖湘禽类特色食材也称湖湘食用禽类特色食材，是指具有当地特色的家禽、野禽和那些未被列入国家保护动物目录的野生鸟类的肉、蛋、副产品及其制品的总称。

湖湘禽类特色食材在湖湘人民的日常生活及宾馆饭店中较为常见，品种较多，分布较广，代表性的品种有长沙的汤鸭、株洲的炎陵白鹅、湘潭的湘黄鸡、衡阳的三塘肉鸽、岳阳的钱粮湖土鸭、常德的石门土鸡、邵阳的武冈铜鹅、郴州的临武鸭、永州的道州灰鹅、怀化的芷江鸭、张家界的武陵源鸡等。

（二）湖湘禽类特色食材营养成分（表3-1）

表3-1　湖湘禽类特色食材营养成分

蛋白质	蛋白质含量一般在20%左右，且大多为优质蛋白，营养价值较高，禽肉中的蛋白质除主要存在于肌浆中（约80%），还来自血液和存在于结缔组织中
脂肪	禽类脂肪中的脂肪酸以不饱和脂肪酸为主，易于人体消化吸收，其消化率达97%～98%
碳水化合物	禽体中碳水化合物主要是指动物淀粉，一部分存在于肝脏（肝糖原），一部分存在于肌肉组织中（肌糖原），其含量约为动物体重的5%

续表

矿物质	禽体中磷、铁的含量较丰富，此外还含有许多微量元素，以禽肝中铁质含量最高，易被人体吸收利用
水分	禽肉中水分的含量一般在70%以上，幼禽肌肉水分含量高达75%以上。禽蛋中的含水量可达70%，但分布不均匀
含氮浸出物	含氮浸出物是一种特殊的鲜味物质，禽肉的含氮浸出物因禽种类、禽龄、生长环境的不同，其含量略有差异，一般情况下，老禽所具有的含氮浸出物比幼禽多，母禽所具有的含氮浸出物比公禽多

（三）湖湘加工性禽类特色食材

湖湘加工性禽类特色食材是指以湖湘特色禽肉、禽蛋为原料，经多种加工方法（酱、卤、腌）等而制成的制品。

湖湘加工性禽类特色食材品种丰富，尤其以板鸭最为出名。代表性的品种有常德酱板鸭、汝城板鸭、桃川无骨板鸭、水车板鸭。禽蛋制品有朱砂咸蛋、松花皮蛋、倒马崖土鸡蛋、霞流咸蛋等。

（四）湖湘禽类特色食材的烹饪应用

湖湘大地山河湖泊众多，独特的地理优势使得禽类特色食材品种繁多，在烹饪中有着广泛的应用。

（1）禽类原料可作为菜肴主料和配料　禽类的肌肉发达，结缔组织少，纤维又极其柔细，故适用于多种烹调方法。禽类多作主料如湘菜中的红煨八宝鸭、麻辣仔鸡、酸辣鸡杂等。禽类原料作配料，可与荤菜搭配，也可以与素菜配伍，如鸡汁白灵菇、香菇煨鸡块等。

（2）禽类原料可作为菜肴调辅料　禽肉中含氮浸出物较多，可补足一些干货原料鲜味的不足。

（3）禽类原料可作为糕点、小吃的馅料　如酸辣鸡丁包等。

（4）禽类原料还可制成各种加工制品　如常德酱板鸭、汝城板鸭等。蛋制品可制成皮蛋、咸蛋等。这些原料具有风味独特、便于运输、便于贮藏等特点。

任务2　禽类特色食材的特点及烹饪应用

一、任务驱动

1. 湖湘禽类特色食材各自有何特点？
2. 如何鉴别各地州市禽类特色食材？
3. 不同禽类特色食材在烹饪中如何运用？

二、知识链接

本任务主要是学习湖南各地州市禽类食材的特色及产地，通过教师的讲授、实物（图片）展示，要求学生能够掌握禽类特色食材的特点及选用标准，熟悉禽类特色食材在烹饪中的运用。

1. 永兴四黄鸡

简介	永兴四黄鸡是永兴县特有珍禽，以显著的“四黄”为特征，黄羽、黄喙、黄脚、黄皮，外貌美观，肉嫩味美，药用和经济价值极高，早在20世纪80年代就被原国家外贸部授予“名贵鸡种”称号，并一度远销东南亚等地。曾多次参加全国农业展览会、万国博览会，享誉海内外
产地	产于郴州市永兴县

烹饪应用	湘菜中重要食材之一，适用于炒、烧、炖、蒸、煨等多种烹调方法，可加工多种食品，适合多种味型，代表菜肴如老姜炒永兴四黄鸡、小炒仔鸡、红烧四黄鸡、云耳焖仔鸡、怀山炖鸡等		
营养价值	永兴四黄鸡肉质细嫩鲜美、肉纤维细、脂肪适中且胆固醇含量低、各类氨基酸含量比例适当。有补虚亏、益经血、壮筋骨、延年益寿之特效		
选用标准	以羽黄、喙黄、脚黄、皮黄四黄为标准，外貌美观。新鲜鸡肉眼球饱满，皮肤有光泽，指压后凹陷立即恢复，煮肉汤透明清澈，脂肪团聚于汤的表面，有香味者为佳		
保管方式	冷冻法、冷藏法	上市季节	四季皆有

2. 武陵源岩鸡

简介	武陵源岩鸡又可以称作嘎嘎鸡，它收声的时候，会发出“嘎嘎”的声音，因此而得名嘎嘎鸡。岩鸡的羽毛一般呈灰色，每只岩鸡大概2千克重，大的可达4千克重。它的行动有些缓慢，显得比较笨重。岩鸡有一种特殊本领，就是能预报天气，提前测出晴雨。清晨起来，如听到岩鸡在山顶上“嘎嘎”大叫，又往山下飞，那么这天会下雨，相反，如看到它往山上飞，便会天晴，这是凭当地山民多年观察所得。陆游在他的诗句“空岩鸡晨号，峭壁丹夜瞰”中，有过关于岩鸡叫声的描述
产地	产于张家界武陵源山区

烹饪应用	岩鸡除整鸡烹制外，还可切片、丁、丝、块、条等，在湘菜中经常使用，可作热菜、冷菜、汤菜，也可作火锅、小吃等；可适用于炒、烧、焖、炖、煨等多种烹调方法，代表菜肴有岩耳炖岩鸡、野生菌烧岩鸡、干锅岩鸡等		
营养价值	富含蛋白质、磷、钙、铁以及维生素和矿物质，且脂肪少，味道鲜美，滋补力强，药膳效果好，有健脾养胃、增进食欲、止泻的功效		
选用标准	以眼球饱满、皮肤有光泽、肌肉切面发光、煮肉汤透明清澈、有香味者为佳		
保管方式	冷冻法、冷藏法、盐腌贮存法	上市季节	冬季肉质较肥

3. 湘黄鸡

简介	湘黄鸡又称黄郎鸡，是一种肉蛋兼用型地方鸡种。湘黄鸡在清朝道光年间被列为皇家的“贡品鸡”，该品种体型矮小，体质结实，体躯稍短呈椭圆形。湘黄鸡成年鸡结构匀称，头小，单冠，脚矮，颈短。公鸡前胸宽阔，毛色金黄带红，躯体秀丽而英武，啼声响亮而清脆；母鸡躯体较短，背宽，后躯浑圆，腹部柔软而富弹性，母鸡全身羽毛为淡黄色，皮肤黄色，胫较短而无毛，呈黄色，少数青色，湘黄鸡以三黄（毛黄、嘴黄、脚黄）为主要标志 		
产地	湘黄鸡在全省均有零星分布，以湘江中游的湘潭、衡阳出产为盛		
烹饪应用	湘黄鸡是湘菜中的最重要食材之一，可适合多种烹调方法，可作热菜、冷菜与汤菜；仔鸡可炒、炸、蒸；母鸡则可烧、煨、炖，老母鸡是食疗滋补的佳品		
营养价值	成熟的母鸡是滋补佳品，药用价值较高，有益于五脏，能补虚损，健脾胃，强筋骨，调经血，止白带，久病体虚者和产妇顿食湘黄鸡，尤有滋补、强身之妙用		
选用标准	外观以毛黄、嘴黄、脚黄为特征，体型大小适中，结构匀称者为佳，肉质以皮薄骨细，味道香甜，肉质鲜美细嫩者为佳		
保管方式	冷冻法、冷藏法	上市季节	四季皆有，秋冬季节最肥

4. 茶市湘黄鸡

简介	茶市湘黄鸡又名三黄鸡、衡阳土鸡、黄鸡，因毛黄、脚黄、皮黄而得名，具有性成熟早、抗病力强、易饲养管理等特点，是衡山独特的肉蛋兼用型鸡种。1979年被授予“名贵项鸡”的称号
产地	主产于衡阳市茶市镇

烹饪应用	湘菜中最重要食材之一，可适合多种烹调方法，可作热菜、冷菜与汤菜；仔鸡可炒、炸、蒸；母鸡则可烧、煨、炖，老母鸡是食疗滋补的佳品		
营养价值	成熟的母鸡是滋补佳品，药用价值较高，有益于五脏，能补虚损，健脾胃，强筋骨，调经血，止白带，久病体虚者和产妇顿食湘黄鸡，尤有滋补、强身之妙用		
选用标准	外观以毛黄、脚黄、皮黄为特征，体型大小适中，结构匀称，皮薄骨细，味道香甜，肉质鲜美细嫩		
保管方式	冷藏法、冷冻法	上市季节	四季皆有，秋冬季节最肥

5. 洪江雪峰乌骨鸡

简介	雪峰乌骨鸡属肉蛋兼用型鸡种，有一定的药用价值，俗称药鸡，在20世纪90年代选育形成并进行保种，雪峰乌骨鸡体型中等，体质结实，片羽，羽毛富有光泽，紧贴于体，身躯稍长，呈月牙型，头大小适中，眼睛明亮有神。雪峰乌骨鸡具有乌皮、乌肉、乌骨、乌喙、乌脚“五乌”特征，皮、肉、骨膜、喙、脚及内脏全为黑色，是宝贵的稀有珍禽。可查资料记载于1874年（清同治十三年）《重修黔阳县志》十八卷物产，羽之属中记载：“家鸡有数色，以毛白而皮肉与骨皆乌者为佳”		
产地	主产于怀化市洪江区辖区内的桂花园乡、横岩乡、常青乡的22个自然村		
烹饪应用	既可烹炒也可入药，为药食同源的食材。适用于炖、蒸、煮、烧等多种烹调方法。代表菜肴如当归红枣乌骨鸡汤、虫草花乌骨鸡汤、党参黄芪乌骨鸡汤、香芋汽锅乌骨鸡等		
营养价值	富含蛋白质，包括18种氨基酸和多种微量元素，其中烟酸、维生素E、磷、铁、钾、钠的含量高，胆固醇和脂肪含量低。具有补血益气、滋阴补肾、调节生理、增强免疫力、补虚劳等功效		
选用标准	活鸡以毛色光亮，体态饱满，眼球灵动有光泽者为佳；光鸡以眼球饱满，皮肤有光泽，肌肉切面发光，外表微干或微湿润，不黏手，指压后凹陷立即恢复者为佳		
保管方式	冷冻法、冷藏法	上市季节	四季皆有，以秋季品质最佳

6. 石门土鸡

简介	石门土鸡的养殖历史悠久，据《今县释名》记载，自南北朝置石门郡开始，石门已开始养殖土鸡，距今已有1400多年历史。石门土鸡活体个体健壮，爪细，羽毛有光泽且发亮，冠红且大，肉质细嫩，肉味鲜美，汤汁醇厚

产地	主产于湖南省石门县南北镇、东山峰管理区、壶瓶山镇、所街乡、雁池乡、磨市镇、罗坪乡、白云乡、新关镇、皂市镇、维新镇、三圣乡、新铺乡、太平镇、子良乡、蒙泉镇、夹山镇共17个乡镇区现辖行政区域		
烹饪应用	在湘菜中经常使用，可作热菜、冷菜、汤菜，也可作火锅、小吃等；可适用于炒、烧、焖、炖、煨等多种烹调方法，代表菜肴如香菇炖石门土鸡、红煨石门土鸡、鲜笋炖土鸡等		
营养价值	富含蛋白质、矿物质、微量元素和维生素。蛋白质含量高，钙、磷、钾、铁、锌等有益矿物质和微量元素含量丰富，脂肪和胆固醇含量低，不饱和脂肪酸含量高。具有维持钾钠平衡，消除水肿，提高免疫力，缓冲贫血，促进血液循环，降血压等功效		
选用标准	以石门所产者为佳，羽毛黑亮、黄亮为好。新鲜鸡肉以眼球饱满，皮肤有光泽，外表微干或微湿润，指压后凹陷立即恢复，煮汤脂肪凝聚于汤的表面，有香味者为佳		
保管方式	冷冻法、冷藏法	上市季节	四季皆有

7. 桃源鸡

简介	桃源鸡又称桃源大种鸡。体型高大，体质结实，羽毛蓬松，体躯稍长、呈长方形。公鸡姿态雄伟，勇猛好斗，头颈高昂，尾羽上翘，侧视呈“U”字形。母鸡体稍高，性温驯，活泼好动，背较长而平直，后躯深圆，近似方形。肉质细嫩，肉味鲜美，是湖南省优良的地方鸡种
产地	主产于桃源县中部。分布于沅江以北、延溪上游的三阳港、佘家坪一带

烹饪应用	可适用于烧、炒、炖、煨等多种烹调方法，代表菜肴如桃源三杯鸡、滑炒桃源鸡丁、黄焖桃源土鸡、清炖鸡、红烧鸡块等		
营养价值	富含蛋白质、钙、磷、铁、核黄素、烟酸等多种营养物质，具有提高免疫力、补精填髓、益五脏、补虚损等功效		
选用标准	新鲜鸡肉以眼球饱满，皮肤有光泽，外表微干或微湿润，指压后凹陷立即恢复，煮汤脂肪凝聚于汤的表面，有香味者为好		
保管方式	冷冻法、冷藏法	上市季节	四季皆有

8. 东安芦花鸡

简介	东安芦花鸡是东安本地的土鸡，分黄羽和黑羽两种。生活在南岭山地向湘中丘陵过渡带，在天然草地和林间草场生长，饮山间溪流和泉水，具有肉质细嫩、味道鲜美的特点

产地	主要分布于永州市东安县芦洪市镇、鹿马桥镇、端桥铺镇、新圩江镇、川岩乡、花桥镇、井头圩镇、大江口乡、紫溪市镇、白牙市镇、大庙口镇、石期市镇、大盛镇、南桥镇、横塘镇、水岭乡、黄泥洞林场现辖行政区域
烹饪应用	可整料烹制，也可割成不同的部位使用；可作热菜、冷菜、羹汤，也可作火锅、小吃、点心、粥饭等；可适用于多种烹调方法，代表菜肴有东安仔鸡、麻辣仔鸡等
营养价值	富含蛋白质、脂肪、钙、磷、铁、维生素B_1、维生素B_2、烟酸等营养成分，有温中益气、补虚填精、健脾胃、活血脉、强筋骨的功效
选用标准	以肌肉丰满有弹性，肌间脂肪分布均匀，表皮和肌肉切面有光泽者为佳
保管方式	活养法、鸡肉冷藏法、冷冻法　上市季节：四季皆有

9. 溆浦鹅

简介	溆浦鹅是我国生产特级肥肝的优良地方肝用鹅种。据清同治八年（1869年）《溆浦县志·卷八·物产》记载："鹅，畜者极众，八月中，每一鹅率易谷五斗，戚族相邀作打鹅会，往来馈遣多用之。"该县志中鹅被列为当地饲养家畜的首位，且百姓养鹅当时已非常普及，已有400年以上的历史。成年鹅体重达6千克以上，肥肝平均572.9克，最重达1001.2克。公鹅头颈高昂，直立雄壮，叫声清脆宏亮，护群性强。母鹅体型稍小，性温驯，觅食力强，产蛋期间后躯丰满、呈蛋圆形，腹部下垂，有腹褶，且具有生长速度快、产蛋率高、觅食力强、耐粗饲等优点，对自然环境具有很强的适应能力。2014年被列入《国家级畜禽遗传资源保护名录》
产地	主产于湖南省溆浦县
烹饪应用	整只烹制或斩切后烹制皆可。小件鹅肉适宜于烤、炸、烧、扒、熏、炖、焖、煨、蒸、煮等多种烹调方法，当地有著名的溆浦全鹅宴。代表菜肴如鹅肉炖萝卜、养生老鹅汤、粉蒸鹅肉、黄焖溆浦鹅、清炖鹅汤等
营养价值	具有四高一低的特点，即硒、镁、铁、锌等有益矿物质和微量元素含量高；风味氨基酸、必需氨基酸含量高；风味物质肌苷酸含量高；不饱和脂肪酸含量高；胆固醇含量低。具有益气补虚、和胃止渴、止咳化痰、解铅毒等功效
选用标准	活鹅以眼球灵动有光泽，叫声洪亮者为佳；光鹅以眼球饱满，皮肤有光泽，肌肉切面发光，外表微干或微湿润，不黏手，指压后凹陷立即恢复者为佳
保管方式	冷冻法、冷藏法　上市季节：四季皆有，夏秋季节最佳

10. 临武鸭

简介	临武鸭，又称为“勺嘴鸭”，是中国的八大名鸭之一，也是湖南省著名的肉蛋兼用型地方鸭种，具有生长发育快，肉质好，产蛋较多和饲料报酬高等特点，是国家地理标志保护产品。1984年载入《湖南省家畜家禽品种志》，1986年获湖南省优质农产品金奖。先后被湖南省、市、县列入种苗工程建设和农业产业化建设重点工程
产地	原产于湖南省临武县的武水两岸的武源、武水、双溪、城关、南强、土桥、沙田等地。以武水、南强、沙田和双溪等地为中心产区，全县均有分布

烹饪应用	临武鸭可以加工成多种不同风味的菜肴，吃鸭的花样变化多端，炒、炖、汤只是寻常口味，卤鸭、板鸭、烤鸭、血鸭、腊鸭皆能信手拈来，鸭肉、鸭蛋、鸭肫、鸭脖、鸭爪、鸭翅名目繁多。“无鸭不成宴”乃临武旧俗，尖椒炒临武鸭、老鸭汤、米粉蒸鸭、香辣鸭肠、板鸭火锅、临武烤鸭、临武血鸭、爆炒临武鸭等都是有名菜肴		
营养价值	含有蛋白质含量比畜肉高，而脂肪、碳水化合物含量适中，特别是脂肪均匀地分布于全身组织中，脂肪酸主要是不饱和脂肪酸和低碳饱和脂肪酸，含饱和脂肪酸量比猪肉、羊肉少。具有滋阴、养胃、润肺等功效		
选用标准	以颈上有一圈白色毛环，新鲜鸭肉以眼球饱满，皮肤有光泽，外表微湿润，不黏手者为佳		
保管方式	冷冻法、冷藏法	上市季节	四季皆有

11. 攸县麻鸭

简介	攸县麻鸭是湖南省著名的蛋用型地方鸭种。全身羽毛黄褐色与黑色相间，形成麻色，故称麻鸭，具有体型小、生长快、成熟早、产蛋多和适应能力强的特点，1984年攸县麻鸭又被列入湖南省地方良种，载入《湖南省家禽品种志和品种图谱》
产地	主产于攸县洣水河和沙河流域，中心产区为网岭、鸭塘铺、大同桥、新市和高和等地

烹饪应用	可整只烹制，在湘菜宴席中，最宜烧、酱、炒、焖、煮、蒸、煨、爆等烹调方法，既可作为主料，又可作为配料，还可以作为馅心，代表菜肴如攸县血鸭、小炒麻鸭等，此外，鸭的头、颈、掌、翅、皮、肫、血、肝、心、肾、肠等，皆是上好的烹调原料		
营养价值	含有蛋白质、脂肪、碳水化合物、各种维生素及矿物质钙、磷、铁等多种营养素，有大补虚劳、滋五脏之阴、清虚劳之热、补血行水、养胃生津、止咳治惊、清热健脾、虚弱浮肿之功效		
选用标准	以眼球饱满，皮肤有光泽，肌肉切面发光，煮肉汤透明清澈，脂肪团聚于汤的表面，有香味者为佳		
保管方式	冷冻法、冷藏法	上市季节	四季皆有，夏秋季节最肥

12. 灰汤鸭

简介

灰汤鸭因其产自灰汤温泉而得名，是湖南地方优良品种。具有趾蹼肥大，嘴喙深黄，体胖毛滑，毛色深褐等形体特征，宁乡灰汤温泉常年温度在90℃左右，附近农民称之为“灰汤锅子”，温泉上方有一口大池塘，因温泉水从塘底经过，塘水终年保持温暖，且富含动物和人体所需各种微量元素与矿物质，灰汤鸭即出产在这里。其体内所含微量元素大大超过普通鸭子，而且肉质丰腴细嫩，骨粗髓多，炖熟之后不放盐而汤微咸，特鲜甜。宁乡灰汤鸭早在清代康熙（1662—1722）年间即被定为贡品

产地

主产于长沙市宁乡县

烹饪应用

适用于烧、酱、炒、焖、煮、蒸、煨、爆等烹调方法，既可作为主料，又可作为配料，还可以作为馅心，代表菜有如攸县血鸭、小炒麻鸭等，此外，鸭的头、颈、掌、翅、皮、肫、血、肝、心、肾、肠等，皆是上好的烹调原料。代表菜肴如清炖鸭汤、山药老鸭汤、滋补老鸭汤等

营养价值

含有铁、铜、锌、锰、镍、碘、硅、矾、氟等14种微量元素，灰汤鸭便以其微量元素大大超过普通鸭子而驰名，具有补血生津、固肾益肝、滋阴润肺之功效

选用标准

外形与一般水鸭不同，趾蹼肥大，嘴喙深黄，体胖毛滑，毛色深褐，肉质丰腴细嫩

保管方式

低温保管法、冷藏法、盐腌贮存法

上市季节

四季皆有，冬春季最佳

13. 芷江鸭

简介

芷江鸭又称“仔姜鸭”，为芷江当地麻鸭。活鸭体长而丰满，嘴长，眼大而灵活，头小，颈长，鼻孔较大略呈圆形，腿粗壮而间距宽，胸部深宽羽毛细致，以深褐色麻雀羽居多。元朝，芷江就有中秋节必吃芷江鸭的传统食俗，同时有将制好的鸭制品赠送亲朋好友的习俗。清朝乾隆二十二年（1757年），记载，“芷江鸭”又称“仔姜鸭”，后更名为芷江鸭

产地

主产于湖南省芷江侗族自治县芷江镇等17个乡镇现辖行政区域

烹饪应用

芷江鸭可整只烹制，可斩切后用来烧、蒸、煮、煨、炸等，也可切成小件来炒、爆、熘、烹等。鸭肉既可作主料，也可作配料，还可作烹饪的馅料，此外鸭肠、鸭掌、鸭肫、鸭翅等皆可作为风味小吃的上等原料。代表菜肴如芷江血鸭、红煨芷江鸭、干锅芷江鸭等

营养价值

富含多种氨基酸，如赖氨酸、亮氨酸、谷氨酸、精氨酸、丙氨酸等，不仅营养丰富，而且具有味甘、咸，性微凉，能补阴益血，清虚热之功效

选用标准	活鸭以体长而丰满，眼大而灵活者最佳；光鸭以眼球饱满，皮肤有光泽，肌肉切面发光，外表微干或微湿润，不黏手，指压后凹陷立即恢复者最佳		
保管方式	冷冻法、冷藏法、活养法、熏制法	上市季节	四季皆有，以夏秋季节最肥美

14. 钱粮湖土鸭

简介	钱粮湖土鸭是在洞庭湖中的钱粮湖农场养殖两至三岁的老水鸭。具有肉质细嫩、味道鲜美的特点
产地	主产于岳阳君山区洞庭湖中的钱粮湖农场

烹饪应用	可适用于红烧、清炖、黄焖等多种烹调方法，最有名的是钱粮湖土鸭火锅		
营养价值	鸭肉的脂肪酸熔点低，易于消化。含B族维生素和维生素E比其他肉类多，能有效抵抗脚气病、神经炎和多种炎症，还能抗衰老。此外还含有丰富的烟酸，对心肌梗死等心脏疾病患者有保护作用		
选用标准	鸭肉以眼球饱满、皮肤有光泽、肌肉切面发光、煮肉汤透明清澈、有香味者为佳		
保管方式	活养法、冷藏法、冷冻法	上市季节	四季皆有

15. 炎陵白鹅

简介	炎陵白鹅，原名酃县白鹅，湖南省株洲市炎陵县特产，2009年成为全国农产品地理标志。炎陵白鹅属小型鹅种，体型小而紧凑，头中等大小。全身羽毛雪白，表皮浅黄色，体躯宽而深，近似于圆柱体。喙、肉瘤、胫、蹼橘红色，爪白玉色，皮肤黄色。自然放养，食青草、喝泉水，绿色环保、营养丰富，为湖南省地方优良品种
产地	主产于炎陵县沔水流域的十都、沔渡等地

烹饪应用	适用于烧、卤、炖、煨等多种烹调方法，多种调味味型。在炎陵通常人们可以用白鹅制作多种菜肴，如老鹅养身汤、火焰醉白鹅、炎陵小炒鹅、粉蒸白鹅块、爆炒生鹅肠、鹅油木荆花、酃峰酱香鹅等，也可以制作全鹅宴
营养价值	含有蛋白质、脂肪、维生素A、B族维生素、烟酸，同时富含人体必需的多种氨基酸以及多种维生素、微量元素、矿物质，并且脂肪含量低，具有益气补虚、和胃止渴、止咳化痰、解铅毒等功效

选用标准	以眼球饱满，皮肤有光泽，肌肉切面发光，煮肉汤透明清澈，脂肪团聚于汤的表面，有香味者为佳		
保管方式	冷冻法、冷藏法	上市季节	四季皆有，夏秋季节最肥

16. 武冈铜鹅

简介	武冈铜鹅是一种体型中等、生长速度快、适应性强、肉质好的优良地方鹅种。1984年载入《湖南省家畜家禽品种志和品种图谱》，1989年载入《湖南省志·农林水利志·畜牧业》。湖南四大鹅种中肉质最佳、食味最优。明朝嘉靖年间，武冈的鹅就被誉为“世界名鹅”
产地	主产于邵阳武冈全境

烹饪应用	翅膀和足蹼是制作武冈卤菜的上乘原料，胴体可加工成武冈烤鹅或武冈卤鹅。还可以加工成板鹅、红烧鹅、清炖鹅、米粉鹅、血浆鹅、清蒸鹅、蒸烹心肝、煎炸脖颈、烧烤鹅蹼、酒喷鹅头、红烧全鹅等名菜，还可制作“全鹅席”等		
营养价值	皮下脂肪比其他品种鹅少得多，肌肉暗红如牛肉，比牛肉细嫩松软，脂肪大部分为人体所需的不饱和脂肪，有预防血管硬化和脂肪性血栓形成的作用		
选用标准	青铜鹅以颈部表面、翼羽、尾羽呈灰褐色，腹下绒毛乳白色，喙与眼睑处有白环，喙、蹼呈青灰色，似青铜，趾为黑色者为佳。黄铜鹅以羽毛纯白，喙为橘黄色，趾、蹼呈橙黄色，似黄铜者为佳		
保管方式	冷藏法、冰冻法、卤制法	上市季节	四季皆可

17. 麻阳白鹅

简介	麻阳白鹅，俗称锦江白鹅，是我国优良的肉用母系鹅种。以吃草为主，具有觅食强、生长快、耐粗饲等特点，躯体较长，颈细长呈弓形，肉瘤突出，喙、蹼及肉瘤为橘黄色，羽毛为白色。麻阳白鹅养殖历史悠久，距今已有300多年，根据乾隆三十年（公元1765年）《辰州府志》记载：八月中秋，肥鹅遍野，戚友会饮，曰“打鹅会”，皆借此以相娱乐也
产地	主产于锦江河流域周边乡村和黄土溪水库立体生态养殖小区

烹饪应用	可整只加工，是加工烤鹅、腊鹅的上等原料；鹅肉加工成各种小件形态，适用于炒、炖、蒸、酱等多种烹调方法，代表菜肴如麻阳火锅炖鹅、麻阳炒鹅、兰里风味鹅等
营养价值	富含蛋白质、维生素和矿物质，肉质细嫩，容易消化吸收，有滋阴补肾，养胃补血，补气生津，除痧止嗽等功效。阴虚之人食后不燥，阳虚之人食后不寒，又因鹅能解五脏之热，所以在麻阳还有“喝鹅汤，吃鹅肉，一年四季不咳嗽”的说法

选用标准	活鹅以体态饱满，眼球灵活，肉瘤突出者为佳；光鹅以眼球饱满，皮肤有光泽，肌肉切面发光，指压后凹陷立即恢复，煮汤透明清澈者为佳		
保管方式	冷冻法、冷藏法	上市季节	四季皆有，夏秋季节品质最佳

18. 道州灰鹅

简介	道州灰鹅原产于道县，道县古名道州，又因其背毛为灰色故称道州灰鹅。道县饲养道州灰鹅有400多年的历史，雍正五年《道州志》土产羽毛属已有鹅的记载。所产灰鹅具有肥育快，肉质鲜美，肥肝好，觅食力强，抗病力强，抗病耐粗饲，生长迅速的特点，是湖南省重点保护的17个优质地方畜禽品种之一

产地	道州灰鹅中心产区为沿潇水河及其主要支流的道县蚣坝、清塘、寿雁、梅花、祥霖铺、白马渡、营江、万家庄、上关、东门、富塘等地。后被邻近的蓝山、江永、宁远、芝山、双牌、江华、新田等县区及广西的灌阳、全州、贺州、富川，广东的连州等省区的邻近县市引入饲养		
烹饪应用	可整只烹制，既可制作宴席常用菜，又可整料出骨，制作高难度工艺脱骨菜。嫩鹅还可以加工成各种小件形态，适宜于烤、炸、烧、扒、熏、炖、焖、煨、煮、蒸、卤、酱等多种烹调方法。适应于多种调味味型。除鹅肉外，鹅翅、鹅蹼、鹅舌、鹅肠、鹅肫是餐桌上美味佳肴的烹饪原料		
营养价值	富含人体必需的多种氨基酸、蛋白质、维生素A、B族维生素、烟酸等，同时，脂肪含量很低。有益气补虚、和胃止渴、止咳化痰、解铅毒等功效		
选用标准	活鹅以全身羽毛基本为灰色，腹部及颈部腹面为白色，精神饱满，健壮者为佳；鹅肉以肌肉有光泽，色淡红均匀，肉质紧密，富有弹性者为佳		
保管方式	活养法、冷藏法、冷冻法	上市季节	四季皆有

19. 三塘良种肉鸽

简介	三塘良种肉鸽，体型大、性成熟早、繁殖较快、生长迅速，具有良好的适应能力，疾病少。主要品种为美国落地王鸽和丹麦王类，1999年成立的三塘良种肉鸽养殖协会，至今已发展种鸽规模达60万对，产品从鲜活乳鸽发展到了具有深加工产品的“鸽来香”系列熟食产品
产地	主产于衡阳市衡南县三塘镇

烹饪应用	湘菜中可作冷菜、热菜、羹汤，可适用于炒、炸、烤、清蒸、红烧、煨等多种烹调方法，鸽脯细嫩，可切丝、片、丁，代表菜肴如红烧乳鸽、天麻炖乳鸽、椒盐乳鸽等，此外，鸽舌、鸽胸、鸽脑等也是上好原料		
营养价值	所含蛋白质、脂肪、微量元素和维生素比较均衡，易于消化吸收，且含有10多种微量元素及多种维生素。其骨、肉均可以入药，能调心、养血、补气，具有防止疾病，消除疲劳，增进食欲的功效		
选用标准	以眼球饱满，皮肤有光泽，肌肉切面发光，外表微干或微湿润，不黏手，指压后凹陷立即恢复，煮肉汤透明清澈，脂肪团聚于汤的表面，有香味者为佳		
保管方式	冷藏法、冷冻法	上市季节	秋冬季节最肥

任务3 加工性禽类特色食材的特点及烹饪应用

一、任务驱动

1. 湖湘加工性禽类特色食材各自有何特点？
2. 如何鉴别各地州市加工性禽类特色食材？
3. 不同加工性禽类特色食材在烹饪中如何运用？

二、知识链接

本任务主要是学习湖南各地州市加工性禽类食材的特色及产地，通过教师的讲授、实物（图片）展示，要求学生能够掌握加工性禽类特色食材的特点及选用标准，熟悉加工性禽类特色食材在烹饪中的运用。

1. 常德酱板鸭

简介	常德酱板鸭以活体重为1.5千克左右、毛色鲜亮的本地母麻鸭为主料，经过酱、腌、烤、卤等15道工序，加上武陵区传承上千年的卤水古法配方工艺，生产加工而成。酱板鸭风味独特，鲜香可口，肉香骨脆，嚼劲绵长，具有香、辣、鲜、爽四大特色，享有“常德一绝”的美誉。常德酱板鸭先后荣获首届中国中西部地区糖酒副食展销会金奖、中国湖南第七届（国际）农博会金奖等荣誉 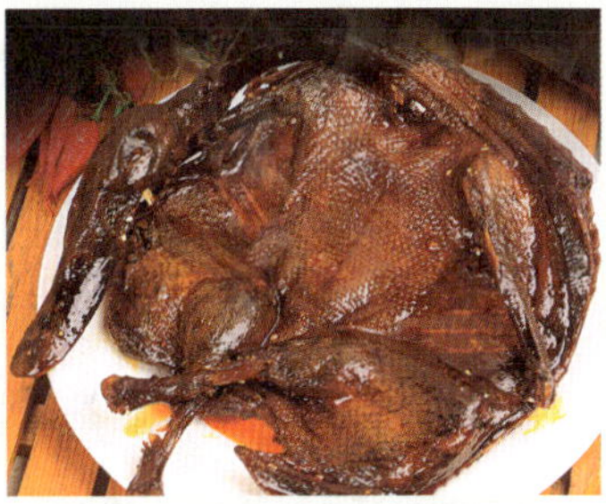

产地	主产于常德市武陵区
烹饪应用	一般是直接食用或者手撕、刀切成小块食用。既可作为休闲小吃，又可作为酒席上的特色菜肴，开袋即食可品尝冷食的鲜美，加热可享受传统热食的风味
营养价值	富含蛋白质、脂肪、碳水化合物、维生素等多种营养物质。具有滋润养胃、平肝祛火、益气养血之功效
选用标准	通体红光油亮，色泽呈深红或酱褐色。撑板成型完整，形体扁平柔和，有质感。吃起来酱香浓郁，香辣爽口，皮酥肉紧，不腻不腥，极有嚼劲为佳
保管方式	冷冻法、冷藏法
上市季节	四季皆有

2. 水车板鸭

简介	水车板鸭原名“泡腌”，因其肉质细嫩紧密，像一块板似的，故名板鸭，“新化三宝”之一。水车板鸭选材优质，本地人制作板鸭需选用饲养6个月以上的喂谷子和野外觅食长大的农家散养土鸭，制作时只用食盐腌制，无酱色和添加剂，自然风干。水车板鸭鸭体扁平、外形桃园、肋骨八方形、尾部半圆形。具有皮酥、骨脆、肉嫩、咸淡适中，瘦肉酱色、肥肉不腻的特点
产地	主产于娄底市新化县水车镇
烹饪应用	在食用时需提前用温水浸泡，热水沸煮，因其风味独特，在烹饪中适用于蒸、炒等烹调方法，也可以加工成半成品，蒸熟即可食用
营养价值	风干后营养成分有一定损失，含有蛋白质、脂肪、碳水化合物、核黄素、硫胺素、钾、钠、氯、钙、磷、铁等成分。脂肪酸中还包含不饱和脂肪酸，消化吸收率比较高。具有开胃健脾，醒目安神，活血化淤，滋阴益肾之功效
选用标准	以外观清洁，肌肉坚实，表面无黏液，切面色泽鲜红，具有烟熏风味者为佳
保管方式	冷冻法、冷藏法
上市季节	冬季

3. 米粉鹅

简介	米粉鹅是选用七里镇本地放养的肥鹅为主料，加上当地所产香米调制成的米粉蒸制而成，具有香气四溢，味道甘甜、鲜美等特点。2018年，七里米粉鹅传统制作技艺成功入选资兴市非物质文化遗产

产地	产于湖南省郴州市资兴市七里镇
烹饪应用	可鲜食也可以加工成半成品，蒸熟即可食用
营养价值	属于高氨基酸、低蛋白、低脂肪、低热量、高膳食纤维的绿色食品。特别是鹅肝，有补阴血，鹅血可治疗贫血之功效
选用标准	以米粉细腻，闻起来有特有米粉与鹅肉的香味，鹅肉鲜香软烂者为佳
保管方式	冷冻法、冷藏法
上市季节	四季皆有

4. 霞流咸蛋

简介	霞流咸蛋也称霞流味蛋，是由鸭蛋加工而成的咸蛋和皮蛋制品，蛋黄个大，蛋白质丰富，其中衡金的“金黄”牌三湘咸蛋黄被评定为全国优质农产品
产地	主产于衡阳市衡东县
烹饪应用	在烹饪中主要用于冷食或作冷拼的原料，也可以炒制，或作为点心的馅料食用
营养价值	咸蛋黄富含卵磷脂、不饱和脂肪酸和氨基酸等营养元素，富含维生素A、硫胺素、核黄素，对预防夜盲症及提高对传染病的抵抗力有一定帮助
选用标准	外表以外壳干净、光滑圆润、无裂缝、蛋壳呈青色者为佳
保管方式	密封保存法、低温保存法
上市季节	四季皆有

5. 汝城板鸭

简介	汝城板鸭是湖南省汝城地区传统名菜，历史悠久，县志记载已有200多年的历史。以散养的和食用天然饲料为主的汝城麻鸭为原料，所制作的汝城板鸭肉质细嫩，香味可口，肥瘦适宜，食而不腻，蒸熟即可食用，有独特的风味。相传乾隆皇帝巡游江南时，曾御用过汝城板鸭，因享其香浓味美，即兴赐名汝城板鸭以示嘉奖。1983年湖南省农业厅举办全省板鸭品评，汝城板鸭名列第一

产地	主产于湖南省郴州市汝城县
烹饪应用	因其风味独特，在烹饪中适用于蒸、炒等烹调方法，也可以加工成半成品，蒸熟即可食用
营养价值	风干后营养成分有一定损失，含有蛋白质、脂肪、碳水化合物、核黄素、硫胺素、钾、钠、氯、钙、磷、铁等成分。脂肪酸中还包含不饱和脂肪酸，消化吸收率比较高。具有开胃健脾，醒目安神，活血化淤，滋阴益肾之功效
选用标准	以板鸭干香，形如叶，色如雪，无异味者为佳
保管方式	低温保管法、冷藏法、常温保存法
上市季节	四季皆有

6. 华容道土鸡蛋

简介	华容道地区属北亚热带湿润季风气候，光照充足，雨量适度，温暖湿润，适宜家禽生长。所产鸡蛋，个形略小，蛋壳稍薄，颜色较浅，有少量污印，无笼养鸡蛋的铁丝锈迹。蛋黄较大，约占全蛋比例的32%，色泽呈金黄色，蛋白水分少，黏稠度高。2013年成为全国农产品地理标志
产地	主产于岳阳华容县东山镇、三封寺镇、胜峰乡、万庾镇、鲇鱼须镇、南山乡和终南乡7个乡镇
烹饪应用	可适用于煎、炒、煮、炖等多种烹调方法，炒制出来的鸡蛋色泽金黄，香味浓厚。代表菜肴有地米菜煮土鸡蛋、银鱼蒸水蛋等
营养价值	营养丰富，富含胆固醇、蛋白质、脂肪、卵磷脂、甘油三酯和卵黄素等多种营养物质。具有健脑益智、补充蛋白质、提高记忆力等功效
选用标准	以个形略小、蛋壳稍薄、蛋黄不散者为佳
保管方式	常温贮存法、冷藏法
上市季节	四季皆有

7. 零陵板鸭

简介	零陵板鸭也叫永州板鸭，起源于清朝末年，素以香、肥、脆、嫩而闻名。制作时选用1.25千克以上的肥嫩鸭子宰后去毛取出内脏，每只鸭子用75克盐、50克烧酒、25克酱油和适量的五香粉混合在一起并拌匀涂遍体内外，腌一天翻后再腌一天，佐料全部渗进鸭肉后拿出麻绳拴住鸭鼻，用竹皮撑开腹部，加力压平，晒一到两天，挂通风处吹二十天左右即成。每年冬至节前后制作的板鸭既耐藏，又香脆

产地	主产于永州市		
烹饪应用	因其风味独特，在烹饪中适用于蒸、炒等技法，也可以加工成半成品，蒸熟即可食用		
营养价值	富含蛋白质、纤维素、钙、磷和多种微量元素等。具有开胃健脾，醒目安神，活血化淤，滋阴益肾之功效		
选用标准	以外观清洁，肌肉坚实，表面无黏液，具有五香味者为佳		
保管方式	常温贮存法、冷藏法	上市季节	冬至节前后

8. 松花皮蛋

简介	松花蛋，又称皮蛋、灰包蛋、包蛋等，是一种中国传统风味蛋制品。主要原材料是鸭蛋，用碱、食盐、石灰等加工而成的蛋制品。松花皮蛋上的松花主要是由镁盐形成，同时还含有一些游离氨基酸的结晶经过一段时间的腌制而成的松花，所以民间也有着“蛋好松花开，花开皮蛋好”的说法。口感鲜滑爽口，微咸，色香味均有独到之处，《益阳县志》载：“皮蛋业，此为邑人独擅长乾，湖鸭所产之蛋既多，制成皮蛋销路甚广，东门外贺家桥以此为业者数十家。” 		
产地	主产于湖南省益阳市		
烹饪应用	湘菜凉菜的重要原料，最具代表性的是烧辣椒拌皮蛋、雷辣椒拌皮蛋，先蒸熟，再剥壳切为四份，也适用于煮等烹调方法，代表菜肴如凉拌松花皮蛋、皮蛋苋菜汤等		
营养价值	富含蛋白质、脂肪、碳水化合物等营养物质，具有易消化、增加食欲、降血压、清热熄火等功能		
选用标准	体软而有弹性，滑而不黏手，蛋白通明透亮，能照见人影，上面有自然形成的乳白色的松枝图案。蛋黄呈墨绿、草绿、暗绿、茶色、橙色五层深浅不同的色彩。味道鲜美，清腻爽口，余香绵长者为佳		
保管方式	低温储藏法、干燥保藏法	上市季节	四季

9. 桃川无骨板鸭

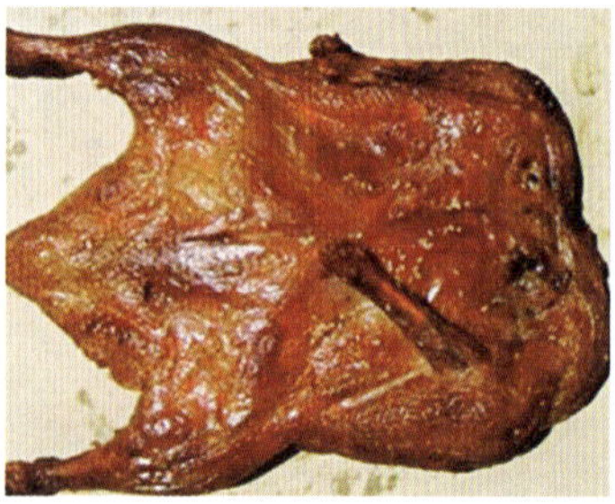

简介	桃川无骨板鸭是湘菜中的风味名菜。采用具有桃川镇独特的自然环境、水源、土壤、气候，人工稻田放养的纯绿色麻鸭加工而成的腊制肉食品。最大的特点是将鸭骨架完全去除，再经过腌制、熏烤等制作工艺后形成的腊味菜。成品板鸭外形美观，皮色油黄发亮，食囊以下没有刀口，看上去像一只没有剖开的鸭子
产地	主产于永州市江永桃川镇

烹饪应用	无论是烧烤、清蒸、油炸均是香酥可口，唇齿留香，既有板鸭的腊香味，又不失鸭肉鲜美口感。代表菜肴有清蒸桃川无骨板鸭、香酥桃川无骨板鸭等		
营养价值	富含多种维生素、矿物质、微量元素，营养十分丰富。脂肪酸中还包含不饱和脂肪酸，消化吸收率比较高。具有开胃健脾，醒目安神，活血化淤，滋阴益肾之功效		
选用标准	以鸭外形美观，皮色油黄发亮，食囊以下没有刀口，看上去像是一只没有剖开的鸭子者为佳		
保管方式	常温贮存法、低温保管法	上市季节	冬季

10. 朱砂咸蛋

简介	朱砂咸蛋又名西湖咸蛋，朱砂咸蛋采用滨湖蛋鸭所产鲜蛋，经配料、入池滚灰、仓储等近十道工序精细制作而成。蛋体大小一致滚灰均匀；收内气室小，蛋白鲜嫩，蛋黄橘红色，穿心化油，呈现粒粒朱砂；吃起来咸淡适宜、香浓味美、开胃爽口，益阳人加工盐蛋，历史悠久，早在西汉，益阳城乡就出现了加工咸蛋的手工作坊，每到春夏产蛋旺季，鲜鸭蛋销售调运不完，农民便把鲜蛋泡入盐水中，这样既可防腐保质避免损失，也可保证淡季市场上有鸭蛋供应，在湖南，端午节前后，吃咸蛋已成习俗		
产地	主产于益阳市益阳县沙头镇		
烹饪应用	可以煮熟直接食用，也可以作为调味料，代表菜肴如咸蛋黄炒茄子、咸蛋黄土豆丝等		
营养价值	富含蛋白质、脂肪、碳水化合物等营养物质。具有舒筋益气、理气消食、通经络、散诸热、散淤血之功效		
选用标准	以外壳完整无破损，蛋黄红黄流油，蛋白乳白色为佳		
保管方式	冷藏法、密封储藏法	上市季节	四季

课后练习题

一、单选题

1. 苏仙黑山羊是湖南省地方优良品种，它全身（　　）。

A. 纯黑　　B. 纯白　　C. 黑白相间　　D. 纯黄

2. 临武鸭，又称为“勾嘴鸭”。是湖南省著名的肉蛋兼用型地方鸭种，具有生长发育快，肉质好，产蛋较多和饲料报酬高等特点，是国家地理标志保护产品。（　　）年载入《湖南省家畜家禽品种志》。

A. 1986　　B. 1991　　C. 1984　　D. 1995

3. 永兴四黄鸡是永兴县特有珍禽，以显著的“四黄”为特征，（　　）外貌美观，肉嫩味美，药用和经济价值极高。

A. 黄羽、黄头、黄脚、黄皮　　B. 黄羽、黄喙、黄尾、黄皮

C. 黄羽、黄喙、黄脚、黄肉　　D. 黄羽、黄喙、黄脚、黄皮

4. 攸县麻鸭全身羽毛黄褐色与（　　）相间，形成麻色，故称麻鸭。

A. 黄色　　B. 黑色　　C. 白色　　D. 棕色

5. 武陵源岩鸡又可以称作嘎嘎鸡，一般在（　　）最肥。

A. 春季　　B. 夏季　　C. 秋季　　D. 冬季

二、判断题

1. 炎陵白鹅，原名酃县白鹅，湖南省株洲市炎陵县特产，不是全国农产品地理标志。（　　）
2. 湘黄鸡又称黄郎鸡，是一种肉蛋兼用型地方鸡种。湘黄鸡在清朝道光年间被列为皇家的“贡品鸡”，该品种体型矮小，体质结实，体躯稍短呈椭圆形。（　　）
3. 茶市湘黄鸡又名三黄鸡、衡阳土鸡、黄鸡，因毛黄、脚黄、肉黄而得名，具有性成熟早、抗病力强、易饲养管理等特点，是衡山独特的肉蛋兼用型鸡种。（　　）
4. 溆浦鹅是湖南省溆浦县优质农产品，被列入《国家级畜禽遗传资源保护名录》，是我国生产特级肥肝的优良地方肝用鹅种。（　　）
5. 麻阳白鹅养殖历史悠久，距今已有400多年，是麻阳优良的地方品种。（　　）

三、思考题

1. 永兴四黄鸡具有什么样的特色及营养价值？
2. 攸县麻鸭和芷江鸭各自有何特色？
3. 桃源鸡的选用标准有哪些？在烹饪中如何应用？
4. 武冈铜鹅和道州灰鹅各自有何特色？在烹饪中如何应用？
5. 常德酱板鸭和汝城板鸭的选用标准是什么？各自有何特点？

项目二

畜类特色食材

任务1　畜类特色食材概述

一、任务驱动

1. 湖湘畜类特色食材的分布范围。
2. 湖湘畜类特色食材品种有哪些。
3. 列举10种代表性湖湘畜类特色食材。

本任务主要是学习湖湘畜类特色食材的基本知识，通过教师的演示、实物（图片）展示，要求学生能够掌握湖湘畜类特色食材的营养成分、分布范围、烹饪应用等。

二、知识链接

（一）湖湘畜类特色食材概念及分布范围

湖湘畜类特色食材是指湖湘区域的特色哺乳动物原料及其制品，包括家畜、野畜的肉及其制品。

湖湘大地山河湖泊众多，非常适合畜类产业发展。畜类特色食材品种较多，分布较广，代表性的品种有长沙的宁乡花猪、株洲的茶陵黄牛、湘潭的沙子岭猪、衡阳的菊兴黑山羊、岳阳的滨湖水牛、常德的石门马头山羊、邵阳的黔留花猪、郴州的苏仙黑山羊、永州的湘南黄牛、怀化的新晃黄牛、湘西的黑猪、娄底的湘中醉花猪、张家界的武雪山羊等。

（二）湖湘畜类特色食材营养成分（表3-2）

表3-2　湖湘畜类特色食材营养成分

蛋白质	骨骼肌中的蛋白质可以分为肌浆蛋白质、肌原纤维蛋白质和基质蛋白质。其中肌浆蛋白质占肌肉蛋白总量的20%~30%；肌原纤维蛋白质占肌肉蛋白总量的40%~60%；基质蛋白质约占肌肉蛋白总量的2%
脂肪	家畜体内的脂肪有20多种脂肪酸，多呈固态。其中饱和脂肪酸较多，熔点高，消化率较低，其脂肪酸由软脂酸、硬脂酸和油酸构成

续表

碳水化合物	碳水化合物在家畜体内含量较少，它们主要以糖原形式存在，此外，还有少量的葡萄糖和麦芽糖（多见于马肉、兔肉）。若肉中糖原含量高，会使肉有特殊香味，但放久后糖原酵解产生乳酸会使肉发酸
矿物质	畜肉中的无机盐含量较少，一般只占0.8%～1.2%，主要有硫、钾、磷、氮、钠、镁、钙、铁、锌，还有微量的铜、锰等
水分	肌肉与脏器组织被认为是大多数B族维生素的良好来源，肉类的维生素主要存在于瘦肉中，另外肝脏中还含有较丰富的维生素A及维生素B_2等

（三）湖湘加工性畜类特色食材

湖湘加工性畜类特色食材是指以湖湘特色畜肉为原料，经多种加工方法（熏、烤、风干）等而制成的制品。

湖湘加工性畜类特色食材品种丰富，尤其以腊肉出名，是湖南的一张名片。代表性的品种有醴陵焙肉、猪血丸子、盘王腊肉、湘西腊肉等。

（四）湖湘畜类特色食材的烹饪应用

（1）可作为制作菜肴的主料　如毛氏红烧肉、辣椒炒肉、衡山脆肚、小炒黄牛肉等。

（2）可作为制作菜肴的配料　如炒芦笋、炒茭白中放入少许肉丝等。

（3）可作为制作烹饪的馅心原料　如包子、水饺、馄饨的馅心等。

（4）可作为制汤原料　如排骨汤、牛肉清汤、羊肉汤等。

（5）可作为各式小吃的原料　如烤肉、火锅配菜等。

（6）可作为各种制品类原料　如武冈卤菜、湘西腊肉、醴陵焙肉等。

任务2　畜类特色食材的特点及烹饪应用

一、任务驱动

1. 湖湘畜类特色食材各自有何特点？
2. 如何鉴别各地州市畜类特色食材？
3. 不同畜类特色食材在烹饪中如何运用？

二、知识链接

本任务主要是学习湖南各地州市畜类食材的特色及产地，通过教师的讲授、实物（图片）展示，要求学生能够掌握畜类特色食材的特点及选用标准，熟悉畜类特色食材在烹饪中的运用。

1. 罗代黑猪

简介	罗代黑猪是湖南省优良的地方生猪品种之一，也是长沙县著名的土猪品牌。其活体猪全身毛色灰黑色，皮肤粉红色，四肢下端为白色，俗称“乌云盖顶，四蹄踏雪”。2013年成为国家地理标志保护产品
产地	主产于湖南省长沙县双江镇

烹饪应用	可作主料，也可作配料，适用于各种调味及多种烹调方法。广泛用于菜肴、主食、小吃、加工品的制作，代表菜肴如罗代黑猪肉包子、罗代黑猪生态土猪扣肉、罗代黑猪肉笋干煎饺、罗代黑猪生态红烧肉等		
营养价值	肉质鲜嫩，营养丰富，含有钾、钙、钠、铜、镁、锌等40余种人体所需的营养元素。具有补虚强身、滋阴润燥、丰肌泽肤等功效		
选用标准	毛为灰黑色，皮肤呈粉红色，四肢下端为白色。肉质以肉色鲜红，有光泽，大理石纹明显为佳；外表微干或有风干膜，不黏手，富有弹性		
保管方式	冷冻法、冷藏法、盐腌贮存法	上市季节	四季皆有

2. 宁乡花猪

简介	宁乡花猪属于偏脂肪型猪种，具有早熟易肥，边长边肥，蓄脂力强，肉质细嫩，味道鲜美，性情温顺，适应性强，体躯深宽短促，体质松疏等特点。民间有“乌云盖白雪，脖戴银项圈，丝颈葫芦肚，耳薄体毛稀”的形象描述，宁乡花猪原产宁乡县流沙河镇草冲村，为全国四大生猪地方名种之一。肉质具有不饱和脂肪酸含量高、肌肉更有弹性、鲜嫩多汁、肉味香甜、无异味腥味等特点。早在明朝年间，宁乡花猪就已列为地方贡品进奉朝廷，据清同治《宁乡县志》载：“牲猪家家畜之，较他地产者更肥美。”民国《宁乡县志》称：“流沙河、草冲两地相连数十里，猪种极良，家家养母猪产仔，益阳等地贩客络绎。”
产地	主产于长沙市宁乡县
烹饪应用	宁乡花猪肉质鲜美，可作主料也可作配料，既可烹饪也可加工成制品。适用于各种调味，多种加工方式，广泛应用于菜肴、主食、小吃、烹饪、加工品的制作，湘菜常见菜肴如辣椒炒肉、红烧肉、糖醋里脊、红煨肘子、粉蒸肉、扣肉等，可用来制作腊肠，也可烟熏制成腊肉等熏腊制品

营养价值	含有大量钾、钙、钠、镁、铜、锌等40余种人体必需的营养元素之外，基本不含饱和脂肪酸和胆固醇。其性味甘咸平，具有补肾养血，滋阴润燥、丰肌泽肤的功效		
选用标准	以富有弹性，肌肉有光泽，色淡红均匀，脂肪洁白，具有猪肉正常的香味，油层比较薄者为佳		
保管方式	冷冻法、冷藏法	上市季节	四季皆有，秋季最佳

3. 沙子岭猪

简介	沙子岭猪是湖南分布最广、数量最多的优良地方肉脂兼用型猪种之一。具有毛色为“点头墨尾”，头短而宽，嘴筒齐，面微凹，耳中等大，形如蝶，其额部有皱纹背腰较平直，腹大但不拖地等特征。沙子岭猪分大型和小型两种，大型猪体重100千克以上，小型猪体重80千克左右。1986年沙子岭猪作为华中两头乌猪编入《中国猪品种志》。《湘潭县志》卷九记载了清咸丰七年到光绪十四年，在沙子岭、河口一带养母猪已较普遍		
产地	湘潭县的沙子岭、衡阳县的寺门前、常宁县的荫田等地以及东安县等		
烹饪应用	可作主料，也可作配料；适合于各种调味，各种烹调方法，广泛用于菜肴、主食、小吃、烹饪、加工品的制作，是制作湘菜名菜辣椒炒肉、毛氏红烧肉等的优质主料		
营养价值	含有丰富的蛋白质及脂肪、肉质中风味氨基酸高达25.68%，肌间脂肪高达3.5%，为肌间脂肪含量口感最佳状态，富含碳水化合物、钙、铁、磷等成分。具有补肾养血，滋阴润燥、丰肌泽肤的功效		
选用标准	以肌肉有光泽，色淡红均匀，脂肪洁白，肉质紧密，富有弹性，具有猪肉正常的气味者为佳		
保管方式	冷藏法、冷冻法	上市季节	四季皆有

4. 大合坪黑猪

简介	大合坪黑猪属于湘西黑猪的分支，是湖南省四个地方良种之一，通体黑色，体质结实，背腰平直，腹不拖地，四肢健壮，适应性强。大合坪黑猪至今已有2200多年的历史，至清末、道光、咸丰年间，大合坪黑猪就已经成为特色鲜明的优良品种
产地	主产于怀化市新晃县

烹饪应用	可作主料也可作配料，既可烹饪也可加工成制品。适用于各种调味，多种加工方式，广泛应用于菜肴、主食、小吃、加工品的制作，湘菜常见菜肴如红烧肉、糖醋里脊、红煨肘子、粉蒸肉、小炒肉、扣肉等，可用来制作腊肠，也可烟熏制成腊肉等熏腊制品
营养价值	大合坪黑猪肌肉中的不饱和脂肪酸明显高于长白猪，尤其氨基酸（胱氨酸）含量较高，具有补肾养血，滋阴润燥的功效
选用标准	新鲜猪肉以肌肉有光泽，色淡红均匀，脂肪淡黄色，外表微干或有风干膜，微湿润，肉质紧密，富有弹性者为佳
保管方式	冷冻法、冷藏法
上市季节	四季皆有

5. 桃源黑猪

简介	桃源黑猪，又名延边黑猪，桃源黑猪外型具有“号筒嘴、螳螂颈、蝴蝶身、鲫鱼肚、鲤鱼尾”等特点，早熟易肥、蓄脂力强、味道鲜美、肉质细嫩。活体猪体格中等，全身黑色、脸面平直，颈较长，耳下垂，背腰长宽且平直，母猪腹大不拖地，臀部丰满，尾长且尾毛呈“鱼尾”状散开。猪肉肉色呈樱桃红色，脂肪呈乳白色，大理石纹丰富，肉质紧密富有弹性，肉汤透明，肉香浓郁
产地	主产于湖南省常德市桃源县，地理标志地域保护范围包括桃源县40个乡镇，其中漳江镇、深水港、青林乡、车湖垸乡、枫树乡、陬市镇6个乡镇为核心产区
烹饪应用	烹饪应用极为广泛，可适用于烧、炒、炖、煨等多种烹调方法，适合多种味型，可加工成多种形状，代表菜肴如红烧肉、糖醋里脊、红煨肘子、粉蒸肉、小炒肉、炸酥肉等，可用来制作腊肠，也可烟熏制成腊肉或者风干成风干肉等制品
营养价值	猪肉中富含维生素E和不饱和脂肪酸，能够使胆固醇酯化，降低血液中胆固醇和甘油三酯。黑猪肉皮中富含大量胶原蛋白和弹性蛋白，具有抗衰老，延缓肌龄等功效
选用标准	肉色呈樱桃红色，脂肪呈乳白色，大理石纹丰富，肉质紧密富有弹性，肉汤透明，肉香浓郁
保管方式	冷冻法、冷藏法
上市季节	四季皆有

6. 草猪

简介	岳阳独特的地理环境和养殖方式，形成了岳阳草猪独有的品质特征，主要表现为形体高大，体质健壮，嘴高长直，耳大下垂，额多纵皱，背长腰直，四肢健壮，性状稳定，繁殖率高，适应性强，抗应激，耐粗饲等

产地	主产于岳阳市
烹饪应用	在烹饪中用途广泛，适用于多种烹调方法，可以制作小炒肉、红烧肉、粉蒸肉以及火腿腊肉类等菜肴
营养价值	含丰厚的铁质、蛋白质和维生素等且胆固醇和脂肪的含量比土猪、外来猪肉低。具有清热除湿，解毒散结，止咳化痰之功效
选用标准	活猪以体质健壮，精神饱满者为佳；猪肉以肌肉有光泽，色淡红均匀，脂肪淡黄色，外表微干或有风干膜，微湿润，不黏手，肉质紧密者为佳
保管方式	活养法、冷藏法、冷冻法　上市季节　四季皆有

7. 湘西黑猪

简介	湘西黑猪体型中等大小，体质结实，各部分发育匀称，产区流传着“号筒嘴、螳螂颈、蝴蝶耳、鲫鱼肚、腰直鱼尾”的民谚。全身被毛为黑色，有的呈黑灰色，有的在肢端、尾尖出现白色；成年种公、母猪被毛稀粗，鬃毛由前向后斜立在鬐甲部；皮肤呈浅灰色或泥灰色。湘西黑猪有长嘴型与短嘴型两个类型：长嘴型头较粗长，脸平直或微凹，眼睑及嘴丫边缘生长着长须；短嘴型头较短而宽，鼻嘴较大。鼻盘黑色，鼻镜中隔间或有白斑，额较狭，有较浅的纵形皱纹，一般呈“介”字形或“Y”字形，耳中等大小，耳根较硬，耳面下垂，湘西黑猪具有肉质香嫩、肉鲜味美、香味浓郁、油而不腻等特点
产地	湘西黑猪分布于古丈、大庸、辰溪等县
烹饪应用	烹饪应用极为广泛，可适用于烧、炒、炖、煨等多种烹调方法，适合多种味型，可加工成多种形状，湘菜常见菜肴如红烧肉、糖醋里脊、红煨肘子、粉蒸肉、小炒肉、扣肉等，可用来制作腊肠，也可烟熏制成腊肉等熏腊制品
营养价值	富含蛋白质、碳水化合物、脂肪、钙、铁、磷等成分，具有补虚强身、滋阴润燥、丰肌泽肤的作用
选用标准	以肌肉有光泽，色淡红均匀，脂肪淡黄色，外表微干或有风干膜，微湿润，不黏手，肉质紧密，富有弹性，具有猪肉正常的特有气味，骨腔内充满骨髓，呈长条状，稍有弹性，较硬，色黄者为佳
保管方式	冷冻法、冷藏法　上市季节　四季皆有

8. 湘中醉花猪

简介	 湘中醉花猪有着近300年饲养传统，湘中地区牧草丰茂，为醉花猪的生长提供了理想的天然生态环境，也形成了醉花猪半圈半牧的生长习性。其种群为本地土猪和野猪杂交衍生而成。具有嘴长肚大，耳薄毛稀，毛色光亮，或黑白相间，或棕红如火的特点。相传，湘军统帅曾国藩平日饮食节俭，唯对家乡醉花猪肉情有独钟。当地许多农户甚至还在生猪育肥的关键阶段，直接在饲料中加入少量水酒，但这种饲养传统却一直延续了下来，湘中醉花猪与普通猪肉相比，醉花猪的肉质更加细嫩，肉味更加鲜美，烹饪后色泽鲜艳芳香四溢，没有任何异味
产地	主产于娄底市涟源市的杨家滩、枫坪、荷塘等地
烹饪应用	可作主料也可作配料，既可烹饪也可加工成制品。适用于各种调味，多种加工方式，广泛应用于菜肴、主食、小吃、加工品的制作，湘菜常见菜肴如红烧肉、糖醋里脊、红煨肘子、粉蒸肉、小炒肉、扣肉等，可用来制作腊肠，也可烟熏制成腊肉等熏腊制品
营养价值	湘中醉花猪与普通白猪相比不饱和酸含量高，胆固醇含量低，猪肉中含有亚油酸和维生素E等。具有降低血液胆固醇，预防动脉粥样硬化，延缓衰老的功效
选用标准	活猪以毛色光亮，嘴长肚大者为佳，猪肉以肌肉有光泽，色淡红均匀，脂肪淡黄色，外表微干或有风干膜，微湿润，不黏手，肉质紧密，富有弹性者为佳
保管方式	冷冻法、冷藏法
上市季节	四季皆有

9. 黔邵花猪

简介	黔邵花猪适应性强，适于粗放饲养和管理，−6.5℃至37.5℃都可以正常生长，抗寒耐热能力强，喂养简便。属肉脂兼用型猪种，湖南省五大地方良种之一，全国地方良种遗传资源普查对象之一。1984年载入《湖南省家畜家禽品种志和品种图谱》，1989年载入《湖南省志·农林水利志·畜牧业》
产地	主产于邵阳市、怀化市。集中在新晃的凉伞、李树、贡溪和溆浦的龙潭、温水、戈竹坪及绥宁的东山、鹅公、朝仪等地
烹饪应用	在烹调中应用广泛，适用于炒、烧、焖、蒸、炖、煮等多种烹调方法。代表菜肴有晒兰肉等。是湘西腊肉最好的原材料，还可以制作腊猪腿、风干肉等
营养价值	性味甘咸平，含有丰富的蛋白质及脂肪、碳水化合物、钙、铁、磷等营养成分。具有补虚强身，滋阴润燥、丰肌泽肤的作用。病后体弱、产后血虚、面黄羸瘦者，皆可用之作营养滋补之品

选用标准	以体型中等偏小，头较窄长，嘴鼻长直，耳中等大，向两侧倾垂，颈较细长，四肢结实者为佳		
保管方式	低温贮存法、冷藏法、盐腌贮存法	上市季节	四季皆有

10. 舜皇猪

简介	舜皇山土猪原名东安猪，产于零祁盆地永州北五县的东安县舜皇山而得名。起源于先民捕捉的野猪，经长期驯养、培育和选育而成，是一个古老的地方品种，有五千多年饲养历史。躯体均匀对称、腹大不拖地，背腰平直，育肥性能强，是全国畜禽地方优良品种之一
产地	主产于永州市东安县舜皇山，冷水滩区、零陵区、东安县、双牌县、祁阳县5个县区现辖行政区域

烹饪应用	可作主料，也可作配料；适合于各种调味，各种烹调方法，广泛用于菜肴、主食、小吃、加工品的制作，是制作湘菜名菜辣椒炒肉、毛氏红烧肉等的优质主料		
营养价值	味甘，性平。能滋阴，润燥，补血。富含蛋白质、脂肪、维生素B_1、维生素B_2、磷、钙、铁等多种营养物质。适用于温热病后，气血虚亏，羸瘦体弱等人群		
选用标准	猪肉以肌肉有光泽，色淡红均匀，脂肪洁白，肉质紧密、富有弹性，具有猪肉正常的气味者为佳		
保管方式	冷藏法、冷冻法	上市季节	四季皆可

11. 茶陵黄牛

简介	茶陵黄牛，以黄色为最多，头部略粗重，角形不一，角根圆形。体质粗壮，结构紧凑，肌肉发达，四肢强健，蹄质坚实。在农区主要作役用，半农半牧区役乳兼用，牧区则乳肉兼用。茶陵县属半山、丘陵地区，草场资源丰富，饲养黄牛历史悠久，茶陵县是农业大县，各地农民均有养黄牛的习惯。茶陵黄牛由农民天然放牧，具有肉质细腻、味道鲜美，高蛋白、低脂肪，富含氨基酸和矿物元素等特点
产地	主产于株洲市茶陵县
烹饪应用	可以用作烹饪原料加工成各种菜肴，烹制时可加工成块、片、丁、丝等形态，也可做成馅料使用。适用于炒、烧、焖、炖、蒸、煨等多种烹调方法。代表菜肴如小炒黄牛肉、红煨牛肉、卤牛肉等
营养价值	富含蛋白质、脂肪、多种矿物质及维生素等，有补中益气、滋养脾胃、强健筋骨等功效

选用标准	以肌肉有光泽，色淡红均匀，脂肪淡黄色，外表微干或有风干膜，微湿润，肉质紧密，富有弹性者为佳		
保管方式	冷藏法、冷冻法	上市季节	四季皆有

12. 鲊埠牛

简介	鲊埠牛具有体质粗壮、肌肉发达、四肢强健、蹄质坚实、性情温顺、适应性好、遗传性稳定、肉质好等优良特性。其肉质细腻，脂肪分布好，滋味鲜美，肉味浓而不腥膻，肉骨比高，胴体脂肪比例低、肌肉比例高，当地人喜食鲊埠牛肉，主要受地方饮食文化影响，鲊埠回族乡是益阳市唯一的少数民族乡，桃江鲊埠清真寺建于1804年，距今已有200多年历史，既是宗教活动场所，又是回民接受教育的学堂，人们有独特的伊斯兰教文化和生活习惯，重大节日回民要宰牛向真主献牲，以示庆祝。随之黄牛肉成为了鲊埠回族人民的一道主菜		
产地	主产于益阳桃江鲊埠回族自治乡		
烹饪应用	在烹饪中多用于主料、适用于各种刀工处理，适合多种烹调方法和多种调味，可作为主食、菜肴、小吃的用料，常见菜肴有小炒鲊埠牛肉、红烧牛腩，卤牛肉、酱牛油、牛肚、牛骨头、牛筋、牛脚等均是上好烹饪原料		
营养价值	富含蛋白质、脂肪、碳水化合物等多种营养物质。具有补中益气，滋养脾胃，强健筋骨，化痰熄风，止渴止涎之功效，适宜于中气下隐、气短体虚、筋骨酸软、贫血久病及面黄目眩之人食用		
选用标准	以肌肉纤维清晰，色泽淡红均匀，脂肪呈淡黄色，外表干燥者为佳		
保管方式	冷藏法、冷冻法	上市季节	四季皆有

13. 新晃黄牛

简介	新晃黄牛，属巫陵牛品系，是根据当地自然条件和生产需要，经过长期的自然选择和人工选择而形成的品种，是中国南方最优良的黄牛品种之一，已被列入国家畜禽遗传资源保护名录。新晃黄牛养殖历史已有上千年
产地	主产于湖南省新晃县

烹饪应用	新晃黄牛肉既可作中餐热菜的主料也可作辅料；也可用来制作酱卤牛肉、腌腊牛肉、休闲牛肉等加工制品；也可作西式牛排的原料；代表菜肴如小炒新晃黄牛肉、汁水牛腩煲、红烧牛肉等
营养价值	新晃黄牛肉有10种氨基酸高于全国平均水平，故烹调后肉质鲜香。钙、镁、铁、锰等矿质元素含量较高，具有高蛋白、低脂肪的特点，具有补中益气、滋养脾胃、强健筋骨、化痰熄风、止渴止涎的功效
选用标准	以肌肉有光泽，色淡红均匀，脂肪淡黄色，外表微干或有风干膜，微湿润，不黏手，肉质紧密，富有弹性，具有牛肉正常的特有气味，且肉质细嫩，多汁性好者为最佳

保管方式	冷冻法、冷藏法	上市季节	四季皆有

14. 湘中黑牛

简介	湘中黑牛是以本地黄牛为母本，以纯种黑色安格斯公牛为父本的杂交改良牛。因皮毛全黑，故称为“湘中黑牛”。湘中黑牛具有高产、生长快、个体大、放牧性好、出肉率高等优点。其肉质鲜嫩，油脂含量低，蛋白质含量高。2007年，“湘中黑牛牌”系列被评为全省唯一向北京奥组委推荐的品牌牛肉
产地	主产于湖南省涟源市、双峰县现辖行政区域内

烹饪应用	湘中黑牛肉质细嫩爽口，不仅可以用作烹饪原料加工成各种菜肴，还可以作为高档牛肉用到西餐和日料中。烹制时可加工成块、片、丁、丝等形态，也可作成馅料使用。适用于炒、烧、焖、炖等多种烹调方法。代表菜肴如小炒黄牛肉、红煨牛肉、卤牛肉等
营养价值	富含氨基酸、钾、锌、镁、铁、丙氨酸、维生素B_6、维生素B_{12}等营养素，具有高蛋白、低脂肪的特点，具有补中益气、滋养脾胃、强健筋骨、化痰熄风、止渴止涎的功效
选用标准	牛肉以肌肉有光泽，色淡红均匀，脂肪淡黄色，外表微干或有风干膜，微湿润，不黏手，肉质紧密，富有弹性者为佳

保管方式	冷冻法、冷藏法	上市季节	四季皆有

15. 湘西黄牛

简介	湘西黄牛是湘西地区独有的黄牛品种，体型中等，前躯略高，骨骼结实，肌肉发达，筋腱明显，毛色以黄色、褐色为主。2006年，湘西黄牛被国家农业部列为《国家级畜禽遗传资源保护名录》。《永顺县志》记载：“明代以来，大量牛皮或肩挑或船运，东销常德”，说明从明代开始，当地人就开始大量养殖黄牛

产地	产于湘西南至湘西北的湘西土家族、苗族自治州、张家界和怀化的大部分地区		
烹饪应用	在烹调中最重要的主料之一，适用于各种刀工处理，适合多种烧、炒、煮、炖、焖、煨、煎、卤等多种烹调方法和多种调味，可作为主食、菜肴、小吃的用料，或采用熏腊技艺制成腊牛肉，代表菜肴有小炒黄牛肉、茭瓜牛肉丝、土豆烧牛肉、卤牛肉、大蒜炒腊牛肉等		
营养价值	湘西黄牛富含蛋白质和必需氨基酸，具有适量脂肪。有强健筋骨、补中益气、滋养脾胃、补铁补血、增强免疫力的功效，适宜筋骨酸软、贫血久病之人食用		
选用标准	以肌肉有光泽、脂肪少、肉质紧密、富有弹性、具有牛肉正常的特有气味、口感柔韧、富有嚼劲、骨腔内充满骨髓、呈长条状、较硬、色黄者为佳		
保管方式	冷藏法、冷冻法、盐腌贮存法	上市季节	四季均可加工

16. 滨湖水牛

简介	滨湖水牛躯体高大，骨骼粗壮，各部匀称，肌肉丰满，是洞庭湖区农民群众长期精心培育出来的地方优良品种。具有体高力大，耐粗易肥，性温驯，能耐劳和适应性强等特点。肉质鲜美，富含蛋白质和氨基酸		
产地	主产于洞庭湖畔的临湘、岳阳、朔阴、华容、南县、沅江、益阳、汉寿、澧县、临澧、安乡、常德及湘西、湘中等地		
烹饪应用	可以用作烹饪原料加工成各种菜肴，可作主料，也可作成馅料使用。适用于炒、烧、焖、炖、蒸、煨等多种烹调方法。代表菜肴如小炒黄牛肉、红煨牛肉、土豆烧牛腩等		
营养价值	牛肉含有丰富的蛋白质，氨基酸。能提高机体抗病能力，对生长发育及手术后、病后调养的人在补充失血和修复组织等方面特别适宜。寒冬食牛肉，有暖胃作用，为寒冬补益佳品。有补中益气、滋养脾胃、强健筋骨、化痰熄风的功能		
选用标准	活牛以蹄圆大，蹄壳黑色、坚实，精神饱满，健壮者为佳；牛肉以肌肉有光泽，色淡红均匀，脂肪淡黄色，外表微干或有风干膜，微湿润，肉质紧密，富有弹性者为佳		
保管方式	活养法、冷藏法、冷冻法	上市季节	四季皆有

17. 湘南黄牛

简介	湘南黄牛具有耐劳耐粗、爬坡能力强、繁殖率高、适应性与抗病率强等特点。成年公牛体高平均为106.11厘米，体重平均为233.16千克，成年母牛体高平均为99.58厘米，体重平均为197.61千克。湘南黄牛虽然个体矮小，役力不强，但分布广，数量多，在牛群结构中能繁殖母牛比重较大

产地	主要产于郴州、零陵、邵阳、娄底、怀化等地区。主产区地处湘水的上中游
烹饪应用	在烹调中最重要的主料之一，适用于各种刀工处理，适合多种烧、炒、煮、炖、焖、煨、煎、卤等多种烹调方法和多种调味，可作为主食、菜肴、小吃的用料，或采用熏腊技艺制成腊牛肉，代表菜肴有小炒黄牛肉、茭瓜牛肉丝、土豆烧牛肉、卤牛肉、大蒜炒腊牛肉等
营养价值	牛肉含有丰富的蛋白质，氨基酸。能提高机体抗病能力，对生长发育及手术后、病后调养的人在补充失血和修复组织等方面特别适宜。寒冬食牛肉，有暖胃作用，为寒冬补益佳品。牛肉有补中益气、滋养脾胃、强健筋骨、化痰熄风、止渴止涎的功能。适用于中气下陷、气短体虚、筋骨酸软和贫血久病及面黄目眩之人食用
选用标准	以公牛头长额宽，母牛头小清秀，眼明亮有神，反应灵敏，公牛角粗而长，母牛角细而短，公牛颈较短，母牛和阉牛颈细而长者为佳
保管方式	冷藏法、冷冻法　　上市季节：四季皆可

18. 安格斯牛

简介	安格斯牛为世界著名的小型早熟肉牛品种，原产于英国阿伯丁和安格斯地区。安格斯牛全身黑毛，无角，体圆，腿短，颈短，腰和臀部丰满。生长快，15～18月龄体重可达450千克，日增重1千克。公牛体重700～750千克，母牛体重约500千克。屠宰率为60%～65%。肉嫩味美，呈大理石状。安格斯牛的特点是早熟，生长快，耐粗饲，适应性强，在恶劣环境下都能保持良好的产肉性能。涟源市七星街镇的国家级安格斯牛纯种繁育场是我省唯一的大型种牛场

产地	主产于娄底市涟源市七星街镇
烹饪应用	可作主料也可作配料，既可烹饪也可加工成制品。适用于各种调味，多种加工方式，广泛应用于菜肴、主食、小吃、加工品的制作，也可作成馅料使用
营养价值	富含蛋白质、氨基酸、钾、锌、镁、铁、丙氨酸、维生素B_6、维生素B_{12}等营养素，牛肉有补中益气、滋养脾胃、强健筋骨、化痰熄风、止渴止涎的功效
选用标准	牛肉以肌肉有光泽，色淡红均匀，脂肪淡黄色，外表微干或有风干膜，微湿润，不黏手，肉质紧密，富有弹性者为佳
保管方式	冷冻法、冷藏法　　上市季节：四季皆有

19. 苏仙黑山羊

简介	苏仙黑山羊是湖南省地方优良品种，它全身纯黑光亮，无杂毛，皮呈青缎色，是一种极其珍贵的食品资源。该羊主要采食于天然牧草和无公害绿色植物，有着体格高健，抗病力强，耐寒耐热耐粗饲，性格温顺，出生重，生长快等特点，经济价值高，市场需求旺，为无公害草食类肉用型动物，发展前景广阔

产地	产于湖南省郴州市		
烹饪应用	适宜于多种烹调加工，可制作多种菜品、小吃、加工品，在烹调中应用广泛，湘菜中主要适用于炒、烧、焖、蒸、炖等多种烹调方法。代表菜肴有小炒黑山羊、红烧羊肉、黄焖黑山羊、酸辣扣羊肉等		
营养价值	富含蛋白质、脂肪、碳水化合物、矿物质、硫胺素、核黄素等多种成分。具有补中益气，滋养脾胃，强健筋骨之功效		
选用标准	全身纯黑光亮，新鲜黑山羊肉有光泽，红色均匀稍暗，脂肪为洁白或淡黄色，外表微干或有风干膜，不黏手，弹性好，有鲜肉味		
保管方式	冷藏法、冷冻法	上市季节	四季皆有

20. 浏阳黑山羊

简介	浏阳黑山羊又名湘东黑山羊，是我国优良的地方品种之一，被毛黑色，油光发亮，无杂毛。公羊角向后两侧伸展，背腰平直；母羊角短小，颈稍细长，颈肩结合良好，胸部狭窄，后躯较前躯发达，腰部稍微凹陷。浏阳黑山羊肌纤维细，硬度小，肉质细嫩，味道鲜美，膻味极小，营养价值高
产地	主产于湖南省浏阳市和毗邻的醴陵、株洲、长沙、平江以及江西省的铜鼓等地

烹饪应用	羊肉可作主料，也可作配料；适合于各种调味，各种烹调方法，广泛用于菜肴、主食、小吃、加工品的制作，是制作湘菜名菜酸辣扣羊肉、小炒黑山羊、生姜当归羊肉汤等的优质主料		
营养价值	含8种人体必需氨基酸。具有滋阴壮阳、补虚强体、提高人体免疫力、延年益寿和美容之功效，特别对年老体弱、多病患者有明显的滋补作用，老幼皆宜		
选用标准	活羊以通体被毛黑色，健壮有力为佳；宰杀的羊肉以肌肉有光泽，色淡红均匀，脂肪洁白，肉质细嫩，富有弹性，瘦肉多，膻味较小者为佳		
保管方式	冷冻法、冷藏法	上市季节	四季皆有，秋季最佳

21. 菊兴黑山羊

简介	菊兴黑山羊，原名兴隆黑山羊，形体具有头中等大，颈长短适中，胸宽深，背腰宽平，四肢粗壮，蹄质结实，全身黑色，较短，富有光泽等特征。兴隆黑山羊皆饮用其分支后的冷泉水，采用纯天然放牧饲养，基地经过引进2010年农业部正式列入《中国国家畜禽遗传资源目录》川中黑山羊作母本，引入国外努比亚公羊作父本，经过多年的选育，菊兴黑山羊肉质细嫩，味道鲜美，膻味极小，营养价值高
产地	主产于耒阳市东湖圩乡一带

烹饪应用	羊肉适用于炒、烧、炖、蒸、煨等多种烹调方法，适宜于多种调味，可制作多种菜品、小吃、加工品等。湘菜代表菜肴有酸辣扣羊肉、红烧羊肉、清炖羊肉汤等		
营养价值	富含蛋白质、脂肪、矿物质、核黄素、硫胺素、维生素A、烟酸等营养成分，具有补精血、补肾壮阳、养肝、益虚劳、温中健脾等功效。对脾胃虚弱、气血亏虚等病症有良好的效果		
选用标准	以肉质色淡红均匀，脂肪洁白，不黏手，肉质紧密，富有弹性，具有羊肉的正常特有气味者为佳		
保管方式	冷藏法、冷冻法	上市季节	四季皆有

22. 武雪山羊

简介	武雪山羊属于山羊品种，因主要分布在我国武陵山、雪峰山脉一带而得名为武雪山羊。体躯呈长方形，后躯发育良好，背腰平直，四肢结实有力，蹄质坚实，耳直，鼻平，有须，全身皮毛呈黑、黄、褐麻色，四肢肋窝及眼圈是白色，背部具有棕黑色毛带，腹部毛色较浅
产地	广泛分布于我国武陵山、雪峰山脉一带，以湘西各县养殖的武雪山羊品种优良

烹饪应用	羊肉适用于炒、烧、炖、蒸、煨等多种烹调方法，适宜于多种调味，可制作多种菜品、小吃、加工品等。湘菜代表菜肴有酸辣扣羊肉、红烧羊肉、清炖羊肉汤等		
营养价值	富含蛋白质、脂肪、矿物质、核黄素、硫胺素、维生素A、烟酸等营养成分，具有补精血、补肾壮阳、养肝、益虚劳、温中健脾等功效。对脾胃虚弱、气血亏虚等病症有良好的效果		
选用标准	以结构匀称、肌肉有光泽、脂肪洁白、肉质紧密、富有弹性、具有羊肉正常的特有气味、骨腔内充满骨髓、呈长条状、稍有弹性、较硬、色黄者为佳		
保管方式	冷藏法、冷冻法、盐腌贮存法	上市季节	四季均可加工

23. 石门马头山羊

简介	石门马头山羊因其头无角，形似马头，所以称为马头山羊，具有生长快、繁殖率高、屠宰率高、板皮质量高、肉质好等特点，居中国肉羊之首。1982年，石门马头山羊载入《湖南省家畜家禽品种志》。1992年，被国际小母牛基金会推荐为亚洲地区首选肉用山羊品
产地	主产于湖南省石门县南北镇、东山峰管理区、壶瓶山镇、所街乡、雁池乡、磨市镇、白云乡、新关镇、皂市镇、新铺乡、三圣乡、太平镇、维新镇、子良乡、蒙泉镇、夹山镇、罗坪乡17个乡镇现辖行政区域
烹饪应用	在当地石门马头山羊与石门土鸡炖吃，成为一道名菜，称为石门吉（鸡）祥（羊），也可适用于烧、炒、炖等多种烹调方法，代表菜肴如红烧羊肉、萝卜炖羊肉、清炖羊肉、羊肉汤、烤全羊、羊排、炒羊肉等，还可被加工成各种各样的羊肉制品
营养价值	富含硒和各类蛋白质、矿物质、微量元素和维生素。具有补精血，益虚劳，温中健脾，补肾壮阳，养肝等功效
选用标准	羊肉细而紧密，肉色鲜红，有光泽，有弹性，外表略干，不黏手，气味新鲜，膻味小
保管方式	冷冻法、冷藏法
上市季节	四季皆有

24. 九嶷山兔

简介	九嶷山兔原产于宁远县九嶷山，因此而得名。是经过长期人工选择而形成的小型地方兔种，有一定的群体规模和结构。具有适应性好、抗病性强、繁殖能力强、肉质优良的特点。九嶷山兔为国家遗传资源，已成为国家级优质兔种
产地	主要分布于宁远县境内及周边的蓝山、嘉禾、新田、双牌、道县、江华一带
烹饪应用	可适用于红烧、清炖、爆炒等多种烹调方法。常见的菜肴有爆炒兔肉、红烧九嶷山兔等
营养价值	兔肉蛋白质含量达92%以上，其氨基酸组成齐全，含有人体必需的8种氨基酸，是高蛋白质、高赖氨酸、高动物钙、高维生素、低脂肪、低胆固醇的优质肉食
选用标准	以毛短而密，四肢强壮，后向躯发达者为佳。兔肉以肌肉有光泽，色淡红均匀，肉质紧密，富有弹性，具有兔肉正常的气味者为佳
保管方式	活养法、冷藏法、冷冻法
上市季节	四季皆可

25. 湘南竹鼠

简介	竹鼠又称竹馏、芒狸、竹狸、竹根鼠、冬毛老鼠等。以竹子、芒草、植物茎秆等为食，因吃竹而得名。小竹鼠属湖南省郴州地区特有，呈体鼹型，外形粗壮似鼢鼠，头部钝圆，眼小，耳隐于毛被内。味道鲜美，营养丰富，有较高的经济价值和药用价值
产地	主产于永州市、郴州市

烹饪应用	竹鼠肉质细腻、鲜美可口，是一种营养价值极高的野味，也是改善人们食物构成的一大补品。适用于红烧、炒、爆等多种烹调方法，血竹鼠是最有名的菜肴		
营养价值	富含蛋白质、脂肪、磷、铁、钙、维生素E及氨基酸、甾类等多种营养物质，是一种营养价值高、低脂肪、低胆固醇的野味上品。《本草纲目》记载竹鼠肉甘，平，无毒。具有补中益气，解毒的功效		
选用标准	以肌肉有光泽，色淡红均匀，肉质紧密，富有弹性，具有竹鼠正常的气味者为佳		
保管方式	活养法、冷藏法、冷冻法	上市季节	四季皆有

任务3　加工性畜类特色食材的特点及烹饪应用

一、任务驱动

1. 湖湘加工性畜类特色食材各自有何特点？
2. 如何鉴别各地州市加工性畜类特色食材？
3. 不同加工性畜类特色食材在烹饪中如何运用？

二、知识链接

本任务主要是学习湖南各地州市加工性畜类食材的特色及产地，通过教师的讲授、实物（图片）展示，要求学生能够掌握加工性畜类特色食材的特点及选用标准，熟悉加工性畜类特色食材在烹饪中的运用。

1. 醴陵焙肉

简介	醴陵焙肉又称醴陵腊肉。醴陵焙肉色泽亮黄，香味醇厚，每到冬天，当地人家家户户就开始制作焙肉，将大块的猪肉用盐腌好，上链条挂起来，滴干盐水，挂到柴火灶上让烟火慢慢地熏焙，肉的外表就会变黑，然后像一根根木炭悬挂在梁上
产地	株洲市醴陵市官庄山区

烹饪应用	主要采用炒、蒸、焖的烹调方法，可作主料单用，也可与其他荤素原料合烹。当地人习惯将焙肉与本土产的辣椒、大蒜、生姜放在一起合炒，下饭佳肴		
营养价值	富含磷、钾、钠等矿物质元素，还含有脂肪、蛋白质等元素		
选用标准	以外观清洁，刀工整齐，肌肉坚实，表面无黏液，切面色泽鲜红者为佳		
保管方式	一般采用通风保管法、冷藏法、冷冻法，当地人保管焙肉的方法十分特别，整条焙肉切成一小段一小段的，全部浸泡在茶油坛子里，可以保存到第二年秋天	上市季节	冬季加工最佳

2. 大奎上腊肉

简介	大奎上腊肉是苏仙区大奎乡民间的特色食品，当地人依然坚持用土猪种、土饲料、土养殖，将猪肉改切条状后，需要用盐腌制10天左右，用的土药材，如半边枫、半边胡等，熏制期需要一个月左右，腊肉具有独特的香味，大奎上腊肉具有满嘴生津，齿颊留香，瘦不塞牙，肥不腻口的特点
产地	主产于郴州市苏仙区大奎上乡

烹饪应用	湘菜中重要的食材之一，腊肉洗净后，先采用蒸、煮至熟后可直接食用，也可和其他荤素原料同炒等多种做法。代表菜肴有冬笋炒腊肉、腊味合蒸、大蒜炒腊肉、蕨菜炒腊肉、腊肉炖泥鳅等
营养价值	腊肉中钾、磷、钠的含量丰富，还含有蛋白质、脂肪、碳水化合物、胆固醇等营养素，具有消食、开胃、祛寒等功效
选用标准	以皮色黝黑、外观清洁、刀工整齐、肌肉坚实、表面无黏液、切面色泽鲜红、肥膘稍有黄色、具有烟熏的风味者为佳

保管方式	通风保管法、冷藏法、冷冻法，传统民间的保管方法主要有四种：一是将熏烘好的肉条藏在谷堆或谷壳中；二是藏入锯木屑中；三是挂在通风干燥的壁板上；四是浸在茶油中	上市季节	以每年腊月所产最佳

3. 湘西腊肉

简介	湘西腊肉属于腌腊肉制品，湖南以湘西出产的腊肉最为著名，生活在湘西的土家族和苗族人，几乎每家每户都会制作腊肉，做法是把新鲜的猪肉切成长块，每块重1.5～2.5千克。把食盐在锅中炒热，加拌适量的花椒粉，用盐抹匀，然后一起腌在木桶里一段时间，就把肉从桶里取出，挂在火坑上面任其烟熏火烤。湘西腊肉皮色金黄有光泽，肥肉淡黄，瘦肉红润，有腊制品的特殊香味，脂香浓郁，肉色呈红褐色，滋味鲜美
产地	湘西土家族苗族自治州

烹饪应用	湘菜中重要的食材之一，腊肉洗净后，先采用蒸、煮至熟后可直接食用，也可和其他荤素原料同炒等多种做法。代表菜肴有冬笋炒腊肉、腊味合蒸、大蒜炒腊肉、蕨菜炒腊肉、腊肉炖泥鳅等		
营养价值	腊肉中钾、磷、钠的含量丰富，还含有蛋白质、脂肪、碳水化合物、胆固醇等营养素，具有消食、开胃、祛寒等功效		
选用标准	以皮色黝黑、外观清洁、刀工整齐、肌肉坚实、表面无黏液、切面色泽鲜红、肥膘稍有黄色、具有烟熏的风味者为佳		
保管方式	通风保管法、冷藏法、冷冻法，传统民间的保管方法主要有四种：一是将熏烘好的肉条藏在谷堆或谷壳中；二是藏入锯木屑中；三是挂在通风干燥的壁板上；四是浸在茶油中	上市季节	冬至后至立春前

4. 水车柴火腊肉

简介	新化县人又称之为“钉板荚”，是指用柴火慢慢熏烤制成的，乡间将腌肉吊在柴火灶下面，再盖些柏树枝或松树枝，不让它生明火，只让它暗生烟，随着青烟缭绕慢慢地熏烤，柴火香味在肉里越积越浓。在过去物质条件不充裕的条件下，农村只有在过年的时候才能饱食一餐柴火腊肉，全家围坐一起，由家里的长者在桌子上放好砧板，将煮好的柴火腊肉切好分给家人食用
产地	新化县

烹饪应用	腊肉洗净后，先采用蒸、煮至熟后可直接食用，也可和其他荤素原料同炒等多种做法，当地人习惯采用将腊肉蒸、炖、炒等烹饪方式，比如豆豉辣椒蒸腊肉、清炖腊肉、尖椒炒腊肉等		
选用标准	以外观清洁，刀工整齐，肌肉坚实，表面无黏液，切面色泽鲜红，肥膘稍有黄色，具有烟熏的风味者为佳		
保管方式	通风保管法、冷藏法、冷冻法，传统民间的保管方法主要有四种，一是将熏烘好的肉条藏在谷堆或谷壳中；二是藏入锯木屑中；三是挂在通风干燥的壁板上；四是浸在茶油中	上市季节	冬至后至立春前

5. 熏腊肉

简介	熏腊肉又称宝庆腊肉、新宁腊肉、城步腊肉，多指猪肉做成的腊肉，也包括畜肉、鱼、泥鳅、黄泥蛙等制作的腊肉。选取立冬至立春间鲜猪肉前后腿，去掉骨头、尾节、切成条块状，加盐、花椒、白酒搅拌腌制一周浸透，出缸后穿绳悬挂，用柴火或锯木屑熏烤数十天即成。始于宋代，历代相传。民间以农户的家庭生产，用烟熏火焙的方法自制自食
产地	产于湘中、湘西

烹饪应用	湘菜中重要的食材之一，腊肉洗净后，先采用蒸、煮至熟后可直接食用，也可和其他荤素原料同炒等多种做法		
选用标准	以清洗后色泽鲜明，肌肉呈暗红色，脂肪呈淡黄色透明，肉质干爽，结实，皮韧不硬，切面光亮，腊香浓郁者为佳		
保管方式	常温保存法、冷藏法	上市季节	冬季制作，全年皆可食用

6. 紫云腊肉

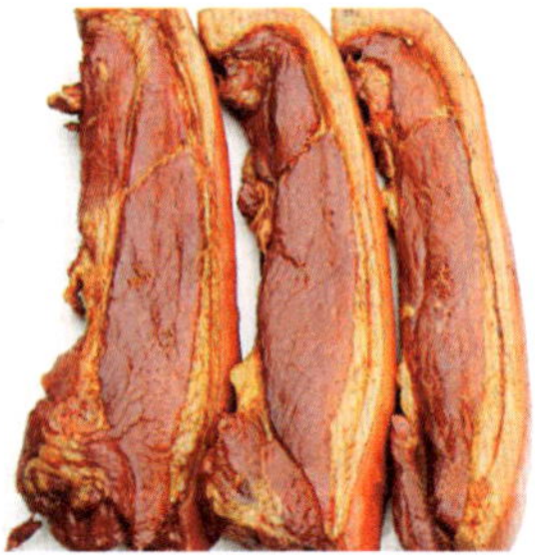

简介	紫云腊肉是东安县大庙口镇下辖的行政村紫云村的特产。东安人习惯隔年熏腊肉，每年到了腊月过年的时候，杀了舜皇山土猪，将猪肉切成1.5～2.5千克一块，擦上盐和各种香料，腌3～5天，当盐与香料浸进肉里面后，再用竹条或藤条将肉穿串挂到火坑上，用烟火慢慢熏干即成。具有独特的烟熏味，脂香浓郁，滋味鲜美
产地	主产于永州市东安县大庙口镇

烹饪应用	腊肉做菜前需洗净、煮熟、蒸软、再切片，既可直接食用，也可加佐料翻炒，香味独特，菜色也佳，具有爽脆可口、烹制方便的特点。代表菜肴如冬笋炒腊肉、腊味合蒸等		
营养价值	腊肉中钾、磷、钠的含量丰富，还含有蛋白质、脂肪、碳水化合物、胆固醇等营养素，具有消食、开胃、祛寒等功效		
选用标准	以皮色黝黑、外观清洁、刀工整齐、肌肉坚实、表面无黏液、切面色泽鲜红、肥膘稍有黄色、具有烟熏风味者为佳		
保管方式	通风保管法、冷藏法、冷冻法，传统民间的保管方法主要有四种：一是将熏烘好的肉条藏在谷堆或谷壳中；二是藏入锯木屑中；三是挂在通风干燥的壁板上；四是浸在茶油中	上市季节	冬至后至立春前

7. 盘王腊肉

简介	盘王腊肉又称瑶山腊肉，是江华瑶族同胞待客佳品，色香味上乘的佳肴美食，是瑶族祖先盘王首创而得名。盘王腊肉的制作方法为江华瑶族同胞所独有，曾多次被国宴采用，深得品尝者交口赞誉
产地	主产于永州市江华县

烹饪应用	经纯蒸或拌和配料爆炒。肉质金黄透亮，夹食则口感极佳，骨肉喷香皮脆，大块头也肥而不腻，留下了“冬至腊肉喷喷香”的口碑，遐迩闻名。代表菜肴有冬笋炒腊肉、腊味合蒸、大蒜炒腊肉等		
营养价值	腊肉中钾、磷、钠的含量丰富，还含有蛋白质、脂肪、碳水化合物、胆固醇等营养素，具有消食、开胃、祛寒等功效		
选用标准	以肉条通体金黄油亮，肉香骨脆，肥而不腻，风味独特，经年不腐者为佳		
保管方式	通风保管法、冷藏法、冷冻法，传统民间的保管方法主要有四种：一是将熏烘好的肉条藏在谷堆或谷壳中；二是藏入锯木屑中；三是挂在通风干燥的壁板上；四是浸在茶油中	上市季节	冬至后至立春前

8. 雪花丸子

简介	雪花丸子是“新化三大碗”特色名吃之一，又称之为“糯米丸”，以肥三瘦七比例的猪前腿肉，制成肉馅，调味搅拌上劲后，即成圆球形，表面均匀裹上泡发好的糯米，外表因晶莹剔透形似雪球而得名，口感香、软、糯、鲜，在娄底全境内及周边县镇皆有吃雪花丸子的食俗
产地	娄底全境内及周边县镇
烹饪应用	雪花丸子可采用炒、蒸、烧、煎、炸等烹调方法成菜，当地人一般在蒸制后即可食用，将蒸好的丸子，在锅中煎制，然后与辣椒合炒
营养价值	富含蛋白质、脂肪酸、维生素、矿物质等营养素，具有温中补气、养胃之功效
选用标准	以形态圆润、糯米晶莹剔透、丸子香糯、色泽纯正者最佳
保管方式	冷冻法、冷藏法　上市季节：四季皆可生产

9. 猪血丸子

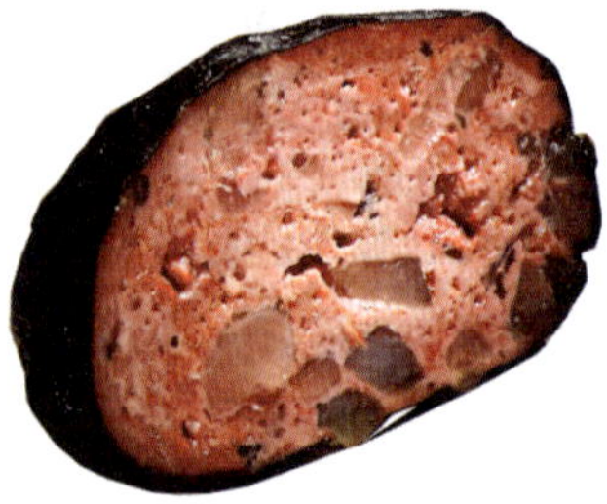

简介	猪血丸子，也称血粑，是隆回县的传统食品，始于清康熙年间，民间历代相传，至今已有好几百年的历史。猪血丸子的主要原料是豆腐，先用纱布将豆腐中的水分滤干，然后将豆腐捏碎，再将新鲜猪肉切成肉丁或条状，拌以适量猪血、盐、辣椒粉、五香粉以及少许麻油、香油、味精、芝麻等佐料，搅拌匀后，做成馒头大小椭圆形状的丸子，放在太阳下晒几天，再挂在柴火灶上让烟火熏干，烟熏的时间越长，腊香味越浓。也有做一铁架，架下用火炉焚烧锯木屑、糠皮、谷壳或木炭熏烤，此种熏法特别讲究火候，不能过急过猛，否则口味不佳。丸子熏干后即可食用。猪血丸子色、香、味俱佳，腊辣可口，增进食欲，且易于保藏，至少半年内不会变质，同时还携带方便，煮熟切成片即可食用，是宴客时一道开胃的冷盘
产地	遍布邵阳市及娄底市部分地区
烹饪应用	吃时煮熟或蒸熟，切片即可，多日不坏。湘菜名菜腊味合蒸就有猪血丸子一味，可以做宴客冷盘的开胃菜，也可以与其他食材合炒，还可以下火锅
营养价值	猪血富含铁、钾、钙、磷、锌、铜等微量元素，有延缓机体衰老，提高免疫功能，清洁人体新陈代谢所产生的“垃圾”之功效
选用标准	以黝黑光亮，形态饱满者为佳

保管方式	常温保存法、冷藏法	上市季节	每年十一月、十二月制作，经过冬春两季的腊制熏烤而成

10. 武冈卤菜

简介	武冈卤菜用大茴、小茴、桂皮、花椒等十几味名贵中药材为佐料，以豆制品、铜鹅、猪、牛肉及畜禽附件等为原料，采用独特的配方、独特的工艺，经“药卤”浸泡蒸煮制作而成。武冈卤菜历史文化源远流长，唐代中叶卤制方法流入武冈，明、清两代列为皇家贡品，作为民间和官场相互往来的礼品相互传递
产地	主产于邵阳武冈

烹饪应用	武冈卤菜产品多样，有卤豆腐干、卤豆腐丝、卤铜鹅肉、卤鹅掌、卤猪嘴、卤猪脚、卤猪尾、卤猪肉、卤蛋、卤牛肉等百多个产品。可以直接吃，也可以切片摆盘为凉菜、拼盘，也可以添加辅料、佐料热炒		
营养价值	采用名贵中药材用卤鼎熬制卤水，将武冈铜鹅去骨反复浸煮、晾干而成，成品色美味香、口感独特，有生津止渴、健脾胃、养颜护肤之功效		
选用标准	以卤香味浓，无异味，无腐败变质者为佳		
保管方式	冷藏法	上市季节	四季皆可

11. 攸县晒肉

简介	攸县晒肉，是攸县传统特色食品，至今已有上千年的历史，名为晒肉，实为日晒和烟熏两道工序制作而成。正宗的攸县晒肉用农家野菜喂养土猪，精选其五花肉，通过传统工艺腌制，香椿木烟火熏焙而成，色泽光亮，风味独特，保留了最为地道的攸县传统风味，具有其他任何肉制品都无法企及的肉香和回味。攸县晒肉本是攸县的地方特色食品，但随着人员流动，攸县晒肉和攸县香干一样，已逐渐走进全国各地的湘菜馆，成了一道极具吸引力的特色菜

产地	主产于株洲市攸县
烹饪应用	适用于蒸、煎、炸等多种烹调方法，烹调后口感让人难以忘怀，代表菜肴有酥香攸县晒肉、清蒸攸县晒肉等
营养价值	攸县晒肉经过了日晒和烟熏两道工序营养成分有所损失，但仍含有丰富的蛋白质、脂肪、维生素及多种矿物质，具有补肾养血，滋阴润燥的功效

选用标准	以肉条通体金黄油亮，肥而不腻，风味独特，无腐烂者为佳		
保管方式	冷藏法、通风干燥保管法	上市季节	四季皆可

12. 湘西酸肉

简介	湘西酸肉，是湘西苗族和土家族传统风味佳肴，至今已有悠久的历史，因在制作过程中将猪肉加入了玉米面一起腌制，使猪肉有一定的酸香味，因此得名。肥而不腻，味辣微酸，已成为湘西一道极具吸引力的特色食材
产地	主产于湖南省湘西一带

烹饪应用	湘西酸肉具有独特的酸香味，适用于炒、蒸、炸等多种烹调方法，代表菜肴有大蒜炒湘西酸肉、辣椒炒酸肉等		
营养价值	含有丰富的优质蛋白质和必需的脂肪酸，并提供血红素和促进铁吸收的半胱氨酸，能改善缺铁性贫血；具有补肾养血，滋阴润燥的功效；但肥猪肉中胆固醇、脂肪含量都很高，故不宜多食，而肥胖人群及血脂较高者则不宜食用		
选用标准	以酸香味美、肉质肥瘦相间、无腐烂无异味者为佳		
保管方式	冷藏法、腌制保管法	上市季节	四季皆可

课后练习题

一、单选题

1. 罗代黑猪产于湖南省（　　）。

A. 长沙县　　B. 攸县　　C. 桃江县　　D. 宜章县

2. 宁乡花猪肉质鲜嫩多汁，香甜可口，是我国著名的地方优良猪种之一，早在（　　）年间，宁乡花猪就已列为地方贡品进奉朝廷。

A. 唐朝　　B. 宋朝　　C. 明朝　　D. 清朝

3. 茶陵黄牛是茶陵养殖范围较广的特色农产品，具有高蛋白、低脂肪、富含氨基酸和矿物元素等特点。（　　）年注册了“茶陵黄牛”商标。

A. 2009　　B. 2011　　C. 2005　　D. 2003

4. 菊兴黑山羊产于湖南省（　　）。

A. 益阳市　　B. 株洲市　　C. 衡阳市　　D. 耒阳市

5. 湘中醉花猪有着近300年饲养传统，因当地人用（　　）精心配制的熟食饲料饲养，造就了醉花猪卓尔不凡的品质。

A. 高粱酒糟　　B. 水酒酒糟　　C. 红曲酒糟　　D. 小麦酒糟

二、判断题

1. “湘中黑牛”是湖南省著名商标，湖南省知名品牌，是娄底市在肉牛品种改良中培育的一个独具地方特色的品牌。(　　)

2. 大合坪黑猪肌肉中含氨基酸（胱氨酸）含量较少，但猪肝中铁质丰富，是补血食品中的佳品。(　　)

3. 石门马头山羊因其头无角，形似马头，所以称为马头山羊，湖南省石门县特产，国家地理标志保护产品。(　　)

4. 雪花丸子是“新化三大碗”特色名吃之一，又称之为“糯米丸”，以肥七瘦三比例的猪前腿肉，制成肉馅，调味搅拌上劲后，即成圆球形，表面均匀裹上泡发好的糯米，外表因晶莹剔透形似雪球而得名。(　　)

5. 湘西腊肉属于腌腊肉制品，湖南以湘西出产的腊肉最为著名，生活在湘西的土家族和苗族人，几乎每家每户都会制作腊肉。(　　)

三、思考题

1. 宁乡花猪的特色及营养价值分别是什么？
2. 鲊埠牛肉在烹饪中的应用有哪些？
3. 大合坪黑猪和桃源黑猪各自有何特色？
4. 湘南竹鼠的特色有哪些？在烹饪中如何应用？
5. 湘中醉花猪的选用标准是什么？在烹饪中如何应用？

项目三

水产类特色食材

任务1　水产类特色食材概述

一、任务驱动

1. 湖湘水产类特色食材的分布范围。
2. 湖湘水产类特色食材品种有哪些。
3. 列举10种代表性湖湘水产类特色食材。

本任务主要是学习湖湘水产类特色食材的基本知识，通过教师的演示、实物（图片）展示，要求学生能够掌握湖湘水产类特色食材的营养成分、分布范围、烹饪应用等。

二、知识链接

（一）湖湘水产类特色食材概念及分布范围

湖湘水产类特色食材是指分布在湘江、资江、沅江、澧水四条河流以及洞庭湖、东江湖等水域的鱼、虾、蟹、贝类和藻类等水产品，也包括其干制品类。

湖湘丰富的水域资源，使得水产类特色食材品种众多，分布较广。代表性的品种有岳阳的洞庭湖银鱼、长沙的谷塘鲤鱼、衡阳的茅市黄皮草鱼、常德的汉寿甲鱼、郴州的东江鱼、永州的祁阳笔鱼、怀化的五强溪鱼、益阳的武潭鱼、湘西凤凰的苗家酸鱼、张家界的大鲵等。

（二）湖湘水产类特色食材营养成分（表3-3）

表3-3　湖湘水产类特色食材营养成分

蛋白质	水产品尤其是鱼贝类蛋白质含量十分丰富。水产品的蛋白质含量一般在15%～19.5%，有些高过20%。鱼肉肌肉组织较疏松、细嫩、肌纤维短，细胞膜较薄，结缔组织较少，进入人体肠胃后较易消化吸收，蛋白质消化率高达87%～98%，其中水产品含有人体必需的多种氨基酸，另外鱼类中还含有胶原蛋白和黏蛋白，所以在加水炖煮后易胶化，冷却后形成鱼冻
脂肪	水产品的脂肪含量一般在1%～7%，低于畜禽肉原料。鱼类的脂肪含量一般在1%～3%，主要是不饱和脂肪酸，在常温下多呈液态，熔点低，易被人体消化吸收，其消化率高达95%，鱼贝类所含的单一不饱和脂肪酸以及高度不饱和脂肪酸对人体的健康有很大帮助作用，可降低血液总胆固醇的作用，但不饱和脂肪酸容易氧化引起腐败，较难保管。鱼类脂肪主要存在于肝、肠和脑中，尤其是海鲜鱼类，肝脏的含量较高，少数鱼的鳞片含脂肪量也很高

续表

维生素	水产品中含有多种维生素，鱼类肝脏中含有丰富的维生素A和维生素D，鱼类中核黄素和烟酸含量也比畜肉高。很多水产品如青鱼、鳗鱼、鳜鱼、金枪鱼、虾、蟹、海胆、文蛤以及海藻类等还含有各种不同的维生素B_1、维生素B_2、维生素B_{12}、维生素D、烟酸、维生素C、维生素E等
矿物质	水产品中含有丰富的矿物质，一般以钾、钙、磷、碘、铜较多。虾、蟹、贝类的矿物质含量最丰富。如金枪鱼、海带含有大量的碘，牡蛎含有大量的锌，小鱼干含有大量的钙物质等。这些矿物质对人的防病，抗衰老和健美都有重要的作用
水分	鱼肉中含有大量的水分，一般为50%~80%，烹调时仅损失10%~35%，与畜禽肉相比，其失水量很小。因此，鱼肉在烹调后能保持质地软嫩，易于消化吸收

（三）湖湘加工性水产类特色食材

湖湘加工性水产类特色食材是指以湖湘特色水产类为原料，经多种加工方法（晒、风干、腌）等而制成的制品。

湖湘加工性水产类特色食材品种丰富，代表性的品种有岳阳火焙鱼、衡阳打鱼丸子、祁东鱼冻、张家界酸鲊鱼等。

（四）湖湘水产类特色食材的烹饪应用

湖湘大地湖泊众多，水产资源丰富，具有各自的特点，营养价值高，质地鲜嫩，口味鲜美，在烹饪中运用极为广泛。

（1）可作整只（条）使用，作为制作宴席的大件菜肴原料　如清蒸鲈鱼、红烧全鱼等。

（2）可作为花式造型菜肴的主要原料　如菊花鱼、松鼠鳜鱼、珊瑚鱼等。

（3）可作为制作泥蓉类菜肴原料　如清汤鱼圆、双色鱼丸等。

（4）可作为制作点心的馅心原料　如鱼肉水饺、虾饺等。

（5）可作为制作大众菜肴原料　如红烧鱼块、萝卜丝煮鲫鱼等。

任务2　水产类特色食材的特点及烹饪应用

一、任务驱动

1. 湖湘水产类特色食材各自有何特点？
2. 如何鉴别各地州市水产类特色食材？
3. 不同水产类特色食材在烹饪中如何运用？

二、知识链接

本任务主要是学习湖南各地州市水产类食材的特色及产地，通过教师的讲授、实物（图片）展示，要求学生能够掌握水产类特色食材的营养成分、分布范围、烹饪应用等。

1. 东江鱼

简介	东江鱼因产自东江湖而闻名，它是湖南郴州四大特产之一。因东江湖水质优良，造就了东江鱼的鲜、嫩、甜的优良品质。东江湖所产鱼种十分丰富，从古至今，资兴人民素来喜好吃鱼，“宁可一月无肉，不可一日无鱼”的民俗俚语流传至今。主要有东江湖和东江流域范围内鲤、鲫、鲢、鳜、青鱼、草鱼等水产鱼类
产地	湖南省资兴市东江湖和东江湖库区周边的乡镇

烹饪应用	东江鱼可采用煎、煮、炖、炸、卤、烧、蒸等烹调方法，几乎适合各种口味，可作为热菜，也可作为凉菜食之，如水煮东江鳙鱼、红烧草鱼、干煎翘嘴鱼等，当地人还将鱼肉加工成鱼糕、鱼豆腐，特别是小鱼仔加工而成的各种口味的鱼制品，多以无烟熏为主要加式方式，味道以香辣鲜香著称，是当地的一道名产		
营养价值	含有蛋白质、脂肪、钙、磷、铁、B族维生素、烟酸等营养成分，还富含丰富的硒元素，有抗衰老、温中养胃等功效		
选用标准	以东江湖所产者为佳，鱼肉以眼球突出，角膜透亮，鱼鳃色泽鲜红，鳞片完整有光泽，鱼肉坚实有弹性者为好		
保管方式	低温保管法、冷藏法、活养法	上市季节	四季皆有

2. 娃娃鱼

简介	娃娃鱼即张家界大鲵，学名大鲵，鸣声如婴啼，故称娃娃鱼，属于两栖动物，身躯扁平粗壮、表面黑色。娃娃鱼肉质细嫩色白，娃娃鱼对生长环境要求极高，一般以养殖时间为3~5年，体重1.5~2.5千克的品质最佳，目前，食用的是人工养殖的大鲵，2017年，“张家界大鲵”获得“湖南十大农业区域公用品牌”的称誉
产地	张家界市武陵源区
烹饪应用	大鲵的胶原蛋白含量丰富，主要采用黄焖、红烧、蒸等烹调方法成菜，如可制作成黄焖娃娃鱼、清蒸大鲵、奶汤大鲵、红烧大鲵等名贵菜肴

营养价值	富含21种氨基酸，其中8种人体必需的氨基酸，70多种天然活性物质，具有独特而珍贵的价值，能够提高人体免疫功能，增强抗病能力，延缓衰老，集保健、药用、美容、食用价值于一体，被专家誉为“水中人参”
选用标准	以鲜活，体型完好，养殖3～5年的大鲵，体重1.5～2.5千克的品质最佳
保管方式	冷冻法、冷藏法，对水质与气温要求极高，一般不易活养
上市季节	春末夏初

3. 华南湍蛙（石蛙）

简介	华南湍蛙，又名石蛙，属两栖动物，当地民众称之为“梆梆”，湍蛙颞褶肥厚，皮肤光滑，头侧、体侧及肛周围有少数疣粒，头扁平，吻棱略显，犁骨齿弱小，鼓膜显或可见，舌长椭圆形，前肢长，指细长，无横沟
产地	张家界市武陵源区
烹饪应用	常用于蒸、炖、红烧、爆炒等烹调方法，味型多样，一般加工成块、丁状，肉质十分细嫩鲜美，代表菜肴有黄焖华南湍蛙、红烧华南湍蛙、爆炒华南湍蛙、干锅华南湍蛙等
营养价值	具有高蛋白质，低脂肪，低胆固醇等特点，有滋补解毒，促进人体气血旺盛，精力充沛，滋阴补阳，养心安神等功效
选用标准	以个大、色正、无残疾、活跃者、关节下瘤极发达、各指均有大吸盘及横沟、后肢细长、足短于胫者为佳
保管方式	活养法
上市季节	秋冬季

4. 桃花虫

简介	桃花虫是一种黑足小水虫，是湘西苗族的特色美食。桃花虫模样丑怪，生长在溪河中的石头下面或水溪中，捞上来的桃花虫经晒干，炒香后即可食用，味道鲜美。“桃花季节去捞桃花虫”已成为当地苗家一种特有的风俗习惯。每当有客来访，苗家人都要炒一碗香辣可口的“桃花虫”给客人品尝
产地	湘西土家族苗族自治州
烹饪应用	一般将桃花冲清水洗净后，用油炸、炒的烹调方法进行菜肴制作，也可自然干燥后进行调味，口感十分酥脆鲜美

营养价值	含有丰富的蛋白质、矿物质元素，低脂肪食品		
选用标准	以虫体饱满，富有弹性，虫体完整者为佳		
保管方式	干燥法	上市季节	桃花盛开季节，春末夏初

5. 长沙鳖

简介	长沙鳖又称长沙水鱼、甲鱼，是一种卵生两栖动物，甲鱼肉质鲜美，裙边尤为肥嫩适口，为宴席珍贵食材，长沙鳖的历史悠久，早在西周，当时长沙国就作为进贡物品献给周成王，《逸周书》中有“特大而美，故贡”的文字记载
产地	洞庭湖区域

烹饪应用	甲鱼在湘菜中的应用较为广泛，可采用整形或是砍成块状，采用清蒸、炒、红烧、红煨等烹调方法成菜，湘菜代表名菜有清蒸甲鱼、红烧甲鱼、红煨裙边、青椒炒甲鱼等		
营养价值	富含蛋白质、矿物质、维生素A、维生素B_1、维生素B_2、烟酸、碳水化合物、脂肪等多种营养素，具有滋阴凉血、平肝熄风、养颜清毒的功效，滋补佳品		
选用标准	长沙鳖以个大、色正、无残疾、活跃者为佳。因为死亡后的长沙鳖含有大量的组胺，可引起食物中毒，故不宜食用		
保管方式	活养法	上市季节	四季皆有，春季最为肥美

6. 黄鸭叫

简介	黄鸭叫又称黄颊鱼、黄骨鱼、黄刺鱼、黄呀姑等，有四十多种名字，为肉食性为主的杂食性鱼类，长沙人俗称黄鸭叫，因为其通体为黄色，吻圆钝，口大，下位，上下颌均具绒毛状细齿，眼小，在静水或缓流的浅滩生活
产地	湘江流域

烹饪应用	主要适用于煮、烧、焖等烹调方法，一般初加工后，保持整体形状烹饪。代表菜肴有黄焖黄鸭叫、水煮黄鸭叫等
营养价值	富含蛋白质、脂肪、碳水化合物和多种矿物质等营养素，具有能益脾胃，利尿消肿的功效

选用标准	以肉质有弹性，鱼鳃呈淡红色或暗红色，眼球微凸且黑白清晰，外观完整，无臭腥味者为佳

保管方式	活养法、冷藏法	上市季节	春夏季节

7. 茅市黄皮草鱼

简介	茅市黄皮草鱼是湖南省衡南县茅市镇的特产鱼种，体型相对偏长，鱼的全身鳞片鲜艳带着金黄色。茅市的草鱼不用饲料、肥料喂养，靠传统方法人工割草和植物枝叶喂养，多生长于紫色沙泥的山塘、水库等地，肉质紧而味鲜嫩
产地	衡阳市衡南县

烹饪应用	应用极为广泛，适用于清蒸、滑炒、红烧、煎、炸等多种烹调方法，几乎适应各种口味。可整条烹制，也可分料取用，加工成块、段、条、丁、片、丝、蓉等均可。代表菜肴有滑炒鱼丝、红烧黄皮草鱼、水煮黄皮草鱼等
营养价值	富含蛋白质、脂肪、钙、磷、铁、维生素B_2、维生素B_1、烟酸等营养素，含有丰富的硒元素，具有抗衰老、养胃补气的功效
选用标准	鱼体成条无大肚，察其色，鳞片鲜艳带金黄，完整有光泽，不易脱落，以眼球突出，角膜透明，鱼肉坚实，有弹性者为佳

保管方式	活养法、冷冻法、冷藏法	上市季节	夏、秋、冬季时节

8. 大通湖大闸蟹

简介	大通湖大闸蟹又称中华绒螯蟹，是一种经济蟹类，又称河蟹、毛蟹、清水蟹、大闸蟹，体圆膘厚，青背白腹，金爪黄毛。肉质膏腻，肢体矫健，第一对螯足较大，蟹壳成青泥色，平滑而有光泽，贴泥的脐腹甲壳，晶莹洁白，无墨色斑点，蟹腿的毛呈黄色，蟹足金黄
产地	益阳市沅江市大通湖

烹饪应用	主要采用清蒸的烹调方法，食用大闸蟹的原汁美味，蘸汁食用。如配以紫苏姜片清蒸，菜肴还有蟹酿橙、蟹黄烩丝瓜、醉蟹等
营养价值	富含蛋白质、脂肪、碳水化合物等营养物质，具有舒筋益气、理气消食、通经络、散诸热、散淤血之功效

选用标准	以躯体完整无损伤，无伤残，色泽呈墨绿色，活动能力强者为最佳

保管方式	活养法	上市季节	（农历）九月以团脐（母蟹），十月以尖脐（公蟹）为肥美

9. 桃江沙鳖

简介	桃江沙鳖又称甲鱼或团鱼，是一种卵生两栖爬行动物。桃江沙鳖是属于两栖爬行类的小型鳖种，体型小，在幼年时期体表颜色为墨绿色，随着年龄的生长体表外观颜色逐渐呈浅黄色，分布的黑色斑块变大变浅，腹部颜色逐渐变为浅黄色，原有的黑色斑块也随个体的生长消退为暗纹状黑灰色斑块，裙边宽厚，腹部的暗纹状黑灰色斑逐渐隐退，体重达500克以后，只在腹甲上留有2对暗纹状的灰黑色斑块，其他斑块全部消失

产地	益阳市沅江市大通湖
烹饪应用	可采用煨、烧、蒸、炒、焖、炖等多种烹调方法，可作为单个整形、也可加工成块状，味型以咸鲜为主，代表菜肴有沙鳖土鸡汤、红烧桃江沙鳖等
营养价值	富含蛋白质、维生素A、维生素E等微量元素、胶原蛋白成分，具有抗氧化、养颜、抗衰老和提高人体免疫力功能等作用
选用标准	以躯体完整无损伤，无伤残，裙边完整，头部伸缩力强，色泽呈墨绿色，活动能力强者为最佳

保管方式	活养法	上市季节	四季皆有

10. 武潭鱼

简介	武潭鱼原指产于资水武潭一带的鳊鱼，武潭鱼的肉质细嫩、甘甜、无鱼腥气，味道自然鲜美。体背部青灰色，两侧银灰色，腹部银白，体侧鳞片基部灰白色，边缘灰黑色，形成灰白相间的条纹。体侧扁而高，呈菱形。头后背部急剧隆起。眶上骨小而薄，呈三角形，口小，前位，口裂广弧形。因水质优良，出产的鱼类品质高，现一般将草鱼、鲫鱼、鲤鱼、鳙鱼、鲢鱼也统称为武潭鱼

产地	益阳桃江县武潭镇
烹饪应用	可采用炒、烧、煮、炖、蒸等烹调方法成菜，可加工成片、丁、条、块、丝等形状，也可整条形状烹制，适合多种味型，菜肴有水煮活鱼、黄焖武谭鱼、武谭鱼炖水豆腐等

营养价值	富含蛋白质、多种维生素及矿物质，其中磷的含量较高，具有补虚损，益精气，润肺补肾等功效		
选用标准	以鱼肉富有弹性、鱼鳃淡红、鳞片完整、无腥臭味者为最佳		
保管方式	活养法	上市季节	四季皆有

11. 小龙虾

简介	小龙虾、红螯虾和淡水小龙虾，是淡水经济虾类，因肉味鲜美广受人们欢迎。其甲壳坚硬，暗红色，部分近黑色，腹部背面有一楔形条纹。尤其栖息于水草较多的净水湖泊、沼泽、池塘和水流缓急的河流和小溪中，淡水小龙虾可食的部分较少
产地	湖南省益阳市南县

烹饪应用	主要有卤、炒、煮、烧等烹调方法，一般洗净去壳，也有刷洗干净不去壳直接烹饪的，菜肴有蒜蓉小龙虾、卤虾、香辣小龙虾等		
营养价值	蛋白质含量高，虾肉内含有锌、碘、硒等微量元素，有补肾虚、补阳气之功效		
选用标准	以鲜活、体态均匀完整、表面青褐色明亮、虾身硬挺、无异味者为佳		
保管方式	活养法	上市季节	6～8月份上市

12. 沅江刁子鱼

简介	沅江刁子鱼又称刁子、麦秆刁、昌刁、刁杆等。刁子鱼形如柳叶、身体细长，近似扁筒状。头小，呈锥状，口较小，端位，口裂平直，无须。下咽齿3行，宽大而光滑，末端成钩状。背鳍无硬刺，其起点与腹鳍相对。尾鳍分叉很深，两叶末端均尖。体背部呈蓝绿色，腹部银百，体侧正中上方有一条浅黄绿色的纵带，偶鳍和臀鳍橘黄色，尾鳍灰黑色，多为野生品种

产地	益阳地区沅江流域
烹饪应用	主要采用煎、炸、清蒸、煮、烧等烹调方法，菜肴有香辣刁子鱼、香煎刁子鱼，可加工成鱼干制品

营养价值	富含蛋白质、脂肪、多种矿物质、维生素等营养物质，具有利尿、健胃、补气等食疗功效		
选用标准	以鱼肉富有弹性、鱼鳃淡红色、眼球微凸、鳞片完整、无腥臭味者为佳		
保管方式	活养法、低温冷藏法，民间通常将鱼腌制后风干作为鱼干保存	上市季节	夏季

13. 沅江银鱼

简介	银鱼又称冰鱼、面条鱼。是一种小型鱼类，身体细长、半透明，裸露无鳞，是一种生长在海水里而在淡水中产卵（每年三四月份）的洄游性鱼类，这种银鱼体长8厘米左右，通体洁白无鳞，无骨无肠而呈半透明状，肥嫩，呈圆柱形，1918年在巴拿马国际名产会上，沅江银鱼被列为世界名产之一
产地	益阳市沅江市

烹饪应用	主要采用炸、煮、蒸、炖等烹调方法成菜，银鱼不去鳍、骨，一般保持整体性形状，代表菜肴有干炸银鱼、银鱼炒蛋、银鱼炖汤、银鱼煮粉丝等，可制银鱼干，不变味，不变质		
营养价值	具有高蛋白、低脂肪等营养特点，有补虚损，益精气，润肺补肾，可治脾胃虚弱、肺虚咳嗽、阴虚等功效		
选用标准	以体型完整、色泽银白、有光泽者为佳		
保管方式	脱水储藏法	上市季节	五月枇杷黄熟之时，是银鱼上市之季

14. 五强溪鱼

简介	五强溪鱼是指生长在五强溪的翘嘴红鲌、鳙鱼、青鱼等，是沅陵县的特产，因五强溪水库的水质优良，其鱼肉质十分鲜美，味甜、鲜嫩
产地	五强溪镇、陈家滩乡、肖家桥乡、清浪乡、北溶乡、深溪口乡、沅陵镇、太常乡、盘古乡、二酉乡、明溪口镇共11个乡镇

烹饪应用	可整条烹制，也可加工成段、块、蓉等成菜；可用红烧、清蒸、黄焖、干炸等方法加工，比如黄焖鳙鱼块、清蒸翘嘴鱼、剁椒鳙鱼头等菜肴，当地人也喜用五强溪鱼制作鱼干，香味更加浓郁

营养价值	富含人体必需的多种氨基酸和硒、锌等微量元素含量
选用标准	以眼球突出，角膜透明，鱼鳃色泽鲜红，鳃丝清晰，鳞片完整有光泽，鱼肉坚实，有弹性者为佳
保管方式	低温冷藏法、风干保存法
上市季节	以秋冬季节最佳

15. 汉寿甲鱼

简介	汉寿甲鱼具有体薄片大，裙边宽而厚，腹内脂肪呈蛋黄色；体质健壮，爬行灵活，免疫力强，生长速度快，成活率高等特点。其肉质纯正，细嫩鲜美，有嚼味，具有很高的营养价值和药用价值。1995年，汉寿县被评为“中国甲鱼之乡”。2011年原国家质检总局批准对“汉寿甲鱼”实施地理标志产品保护
产地	主产于湖南省汉寿县龙阳镇、周文庙乡、百禄桥镇等24个乡镇现辖行政区域
烹饪应用	甲鱼在湘菜中的应用广泛，可采用整形或是砍成块状，主要采用清蒸、炒、红烧、红煨等烹调方法成菜，湘菜名菜有清蒸甲鱼、红烧甲鱼、红煨裙边、青椒炒甲鱼、甲鱼烧土鸡等
营养价值	富含蛋白质、矿物质、维生素A、维生素B_1、维生素B_2、烟酸、碳水化合物、脂肪等多种营养素，具有滋阴补肾，清热解毒等功效
选用标准	以外形体薄片大，裙边宽而厚，腹内脂肪呈蛋黄色者为佳
保管方式	活养法
上市季节	四季皆有

16. 临澧黄花鱼

简介	临澧黄花鱼，体态匀称，头小肉多，色泽黄艳，背鳍浅灰色，臀鳍淡黄色，尾鳍橘黄色，具有肉质细嫩、清香味美、营养丰富的品质特征。据《湖南通志》《湖南地方志》记载的《黄花鱼儿歌》描述：“年年四月菜花黄，黄花鱼儿朝宋王。花开鱼儿来，花谢鱼儿去。只道朝宋王，谁知朝宋玉。”此歌为六朝时民间创作，是中国最早的一首渔歌，一直流传至今。以此为证，细鳞鲴以“黄花鱼”作为名称在临澧已有1600多年的历史
产地	主产于湖南省临澧县合口镇、官亭乡、九里乡、新安镇、安福镇、望城乡、杨板乡、文家乡、烽火乡、修梅镇、杉板乡、太浮镇、陈二乡、柏枝乡、四新岗镇、佘市桥镇、停弦渡镇、经济开发区共18个乡镇区现辖行政区域

烹饪应用	可适用于烧、炖、蒸、煎、炸等多种烹调方法，代表菜肴如清蒸黄花鱼、红烧黄花鱼、香煎黄花鱼、黄焖黄花鱼、糖醋黄花鱼、干炸黄花鱼等
营养价值	含有丰富的蛋白质、维生素和微量元素硒，具有延缓衰老、防治癌症、健脾开胃、安神止痢等功效
选用标准	以临澧县所产黄花鱼者为佳，以外形头小肉多，色泽黄艳，背鳍浅灰色，臀鳍淡黄色，尾鳍橘黄色者为佳
保管方式	冷藏法、冷冻法
上市季节	四季皆有

17. 太平鱼

简介	太平鱼又名砂石王木鱼，因最早产于王木村得名。王木村地处砂石镇东部，土质全为火砂地，内含大量的矿物质和微量元素，水质清纯无污染，山塘最适宜养鱼，产量高，所产太平鱼膘肥肚大、头小尾短、体形独特、味道鲜美，盛销县内外，成为砂石镇一大主要特产
产地	主产于邵阳邵东县崇山铺乡、团山乡

烹饪应用	可适用于烧、炖、蒸、煎、炸等多种烹调方法，常见菜肴有清蒸太平鱼、红烧太平鱼、滑熘太平鱼片等
营养价值	鱼肉中含有丰富的不饱和脂肪酸，对血液循环有利，是心血管病人的良好食物；还含有丰富的硒元素，经常食用有抗衰老、养颜的功效，对肿瘤有一定的防治作用
选用标准	以外观通体金黄，眼球突出，角膜透明，鱼鳃色泽鲜红，肉质紧凑细嫩，食之味道鲜美者为佳
保管方式	活养法、冷冻法、冷藏法、腌制法
上市季节	秋季

18. 洞庭湖银鱼

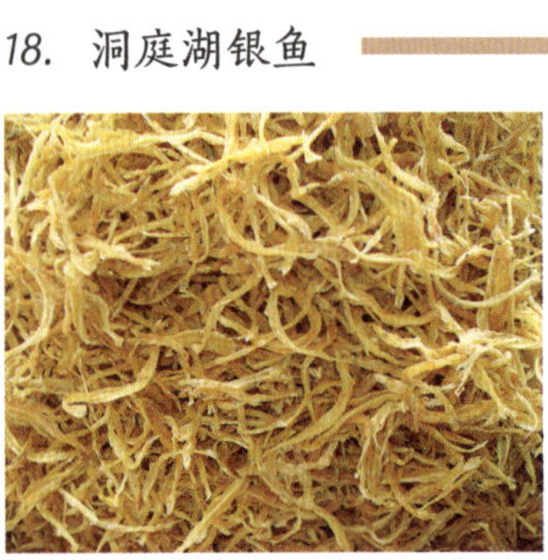

简介	洞庭湖银鱼又名面条鱼、冰鱼，是一种小型鱼类，身体细长、半透明，裸露无鳞，是一种生长在海水里而在淡水中产卵（每年三四月份）的洄游性鱼类，生活于河口及近海，也可定居于淡水湖泊（如中国的太湖、洪泽湖、巢湖、洞庭湖）中，肉质细嫩，蛋白质含量丰富，味极鲜美，为席上珍品
产地	主产岳阳洞庭湖区

烹饪应用	可适用于煎、炒、熘、炸、蒸、煮、烩、炖等多种烹调方法，最具特色的是炸、煎、炒和做汤羹，名菜有干炸银鱼、银鱼炒蛋、清蒸银鱼、鸡丝银鱼汤、肉丝银鱼汤、草菇银鱼汤、金丝银线汤等		
营养价值	营养丰富，具有高蛋白、低脂肪，有利于人体增进免疫功能和长寿。味甘，性平，健胃、益肺、利水。可治脾胃虚弱、肺虚咳嗽等疾病		
选用标准	以身体细长、半透明、新鲜味美者为佳		
保管方式	银鱼干冷藏法、银鱼可冷藏也可冷冻	上市季节	活银鱼夏秋季，银鱼干四季皆可

19. 湘北田螺

简介	每年三月正值春暖花开、万物复苏之际，田螺纷纷爬出泥层，到外觅食、产卵、生长，此时正是捉螺蛳的最佳时节。肉质软嫩，鲜味独特
产地	主产于岳阳临湘水乡

烹饪应用	田螺可作为主料烹饪，也可作为小吃制作。尤其是嗦螺红遍街边小吃，代表菜肴有韭菜炒螺蛳肉、香辣田螺。还可以作为面点的汤料，如螺蛳粉，味道独具特色		
营养价值	富含蛋白质、脂肪、灰分、钙、磷、铁、维生素B_1、维生素B_2、尼克酸、维生素A等多种营养物质。有清热、明目、利尿、通肠等功效。螺肉性寒，胃不好的人别多吃		
选用标准	以三月所产田螺，无异味，鲜活者为佳		
保管方式	清水活养法	上市季节	每年三月

20. 祁阳笔鱼

简介	祁阳笔鱼，形似毛笔状，肉质细嫩，营养丰富，有“席上珍品”之称。祁阳笔鱼得名据说与宋代大文豪苏东坡有关。苏东坡有次途经祁阳，被当地山水奇景所吸引，祁阳知县特邀其夜游浯溪，并在船上设宴相待，苏东坡异常兴奋，当他正要挥毫作诗时，毛笔突然被一股旋风卷走，落在江中，立刻变成无数形似笔杆、色泽鲜艳的鱼。古人诗曰：“天意东坡不留字，神笔化作席上珍。”祁阳笔鱼便由此而得名
产地	主产于永州市祁阳浯溪一带

烹饪应用	适用于滑炒、红烧、煎、焖、炸等多种烹调方法，几乎适应各种口味。煎、焖的笔鱼具有鳜鱼的细嫩、青鱼的甘甜、鳝鱼的油润、鳅鱼的鲜香，香辣咸鲜。代表菜肴有青椒烧祁阳笔鱼、香煎祁阳笔鱼、黄焖祁阳笔鱼等		
营养价值	富含蛋白质、脂肪、少量维生素、钙、钾、镁、硒等营养物质，肉质细嫩，极易消化。具有健脾养胃、补虚、抗衰老等功效		
选用标准	以眼球突出，角膜透明，鱼鳃色泽鲜红，鳃丝清晰，鳞片完整有光泽，鱼肉坚实，有弹性者为佳		
保管方式	活养法、低温保管法	上市季节	四季皆有

21. 祁阳红泥鳅

简介	祁阳红泥鳅为祁阳雷洞独有。鱼形比泥鳅长，比黄鳝短，尾象泥鳅，身似黄鳝，鳞皮红润，并间杂着无数透明反光的黑斑点。在雷雨来临之时出现，伴着水泡、沉沙翻滚而出，翩翩起舞。有的连线结队，宛如条条红龙；有的数条或数十条扭做一个个大小不一的红球，在条条“红龙”之间时浮时沉，好似群龙戏珠图。雷雨过后，洞内便水清如镜，不见鱼影。既是美味菜肴又是滋补佳品
产地	主产于永州市祁阳雷洞

烹饪应用	可适用于煎、炸、煮、烧等多种烹调方法，代表菜肴如泥鳅煮豆腐、香炸红泥鳅等		
营养价值	红泥鳅营养价值极高，和“天上的斑鸠、水中的人参”相媲美。富含优质蛋白质、脂肪、维生素A、维生素B_1、烟酸、铁、磷、钙等。其味甘，性平，有补中益气、养肾生精的功效。此外，体内还含有丰富的核苷，核苷是各种疫苗的主要成分，能提高身体抗病毒能力		
选用标准	以尾像泥鳅，身似黄鳝，鳞皮红润，并间杂着无数透明反光的黑斑点者为佳		
保管方式	活养法、低温保管法	上市季节	夏季雷雨来临之际

22. 黄阳司竹鱼

简介	黄阳司以古渔镇著称，盛产“竹鱼”，竹鱼只生活在这一带江面，可见其神奇。舟楫往来，渔歌唱和，古渔镇名声远播，到黄阳司品尝竹鱼已成为人们的佳话
产地	主产于永州市冷水滩区

烹饪应用	可整条烹制，也可加工成段、块、蓉等成菜；可用红烧、清蒸、黄焖、干炸等方法加工，比如黄焖黄阳司竹鱼、香煎黄阳司竹鱼等菜肴
营养价值	富含蛋白质和脂肪，还含有人体必需的多种氨基酸。具有益气，除湿之功效。用于久病体虚，腰腿疼痛者
选用标准	以眼球突出，角膜透明，鱼鳃色泽鲜红，鳃丝清晰，鳞片完整有光泽，鱼肉坚实，有弹性者为佳
保管方式	活养法、低温保管法
上市季节	四季皆有

任务3　加工性水产类特色食材的特点及烹饪应用

一、任务驱动

1. 湖湘加工性水产类特色食材各自有何特点?
2. 如何鉴别各地州市加工性水产类特色食材?
3. 不同加工性水产类特色食材在烹饪中如何运用?

二、知识链接

本任务主要是学习湖南各地州市加工性水产类食材的特色及产地，通过教师的讲授、实物（图片）展示，要求学生能够掌握加工性水产类食材的特点及鉴别标准，熟悉加工性水产类食材在烹饪中的运用。

1. 火焙鱼

简介	火焙鱼又叫“嫩子鱼”，常年野生野长在大河小溪，浅塘水沟中，嫩子鱼的嘴脸、鳞色、形态各异，故叫法也各不相同，有“鱼扮子”“滞夹脑”“麻嫩”“红须”等多种称谓。传统火焙鱼制作方法是用大锅大灶，利用做饭烧柴的余热，慢慢将鱼焙干，待温度晾下来，鱼底面呈现金黄色即可，再逐条把鱼反面焙制，冷却后，在火盆中加入米糠、谷壳、山茶籽壳等燃料进行低温熏制而成
产地	主要分布在湘北洞庭湖流域

烹饪应用	适合蒸、炸、炒等烹调方法，既可热制热吃，又可热制冷吃，如青椒炒火焙鱼、豆豉辣椒蒸火焙鱼、油酥火焙鱼等
营养价值	富含蛋白质，钾、钙、镁等人体所需微量元素，及丰富的B族维生素，维生素A等营养素
选用标准	以外形完整如初，不黏不烂，不焦不枯，香喷喷，金灿灿，半干半湿，外黄内鲜者为佳

保管方式	干燥保管法	上市季节	四季皆有

2. 衡阳打鱼丸子

简介	打鱼丸子主要选用本地新鲜黄皮草鱼，将净鱼肉剁成鱼蓉状，配以姜末，猪肥膘切成末状，拌入食盐、葱白、生粉、蛋清、白胡椒、水搅打上劲，采用刮的方式，做成两头尖、中间粗的形状，做好后的鱼丸放在蒸笼里蒸熟即制作完成，口感嫩滑鲜美，是衡阳生日喜庆，过年过节不可或缺的一道菜
产地	衡阳市

烹饪应用	打鱼丸子既可当主菜又能作配菜，可采用炒、煮、炖、蒸、煎、烧等烹调方法成菜，还可以做火锅，衡阳名菜“玉麟香腰”里就有鱼丸子
营养价值	鱼丸是高蛋白食品，鱼肉含有丰富的镁元素和维生素A、铁、钙、磷等，具有滋补健胃、利水消肿、通乳、清热解毒、止嗽下气的功效
选用标准	以色泽洁白晶亮，有弹性，不发黏，鱼肉香味浓郁者为佳

保管方式	冷冻法	上市季节	四季皆有

3. 祁东鱼冻

简介	鱼冻是祁东一道地方传统凉菜，制作鱼冻时，一般选择草鱼，初加工后，将鱼切成2～3公分大小的块状，入锅炒制后加清水及调味料，旺火烧沸，小火煮30分钟左右，待鱼汤熬成乳白色时，冷却后即成鱼冻，成品外形呈胶状，味道十分鲜美
产地	衡阳市祁东县

烹饪应用	口感鲜甜，清香，润滑，直接作为凉菜食用，当地人喜好配辣椒酱食用

营养价值	富含蛋白质、叶酸、维生素B_2、维生素B_{12}等营养成分，有滋补健胃、利水消肿、通乳、清热解毒、止嗽下气的功效
选用标准	以色泽淡黄、晶莹剔透、入口滋润者为佳
保管方式	冷藏法
上市季节	冬春季节

4. 水车鱼冻

简介	梅山地区素有做鱼冻的习俗，其中又以水车鱼冻名气最盛。将稻花鱼去鳞去内脏洗净切块，加入山泉水入锅烧开（切记不要放任何油类），把鱼块放入锅内，加入姜丝、新化特有的鱼香叶（一种天然的植物香料，有去鱼腥的作用）、食盐，也可加少量花椒，煮若干分钟，鱼块熟后连汤带块盛入菜碗，在低温之下，形成鱼冻，原汁原味
产地	新化县全境，发源于水车镇
烹饪应用	口感鲜甜，清香，润滑，直接作为凉菜食用，当地人喜好配辣椒酱食用
营养价值	富含蛋白质、叶酸、维生素B_2、维生素B_{12}等营养成分，有滋补健胃、利水消肿、通乳、清热解毒、止嗽下气的功效
选用标准	以晶莹剔透、入口不烂不散、滋润、鲜香甜美者为佳
保管方式	冷藏法
上市季节	春冬季节

5. 酸酢鱼

简介	酸酢鱼是指以新鲜的小鱼为食材，破肚洗净，裹上米粉，放进菜坛中进行长时间腌制，发酵而成的腌制品，居住在张家界的土家族、苗族民众，喜食酸食，家家户户都设有酸坛，荤素原料皆可放进酸坛进行酸制，酸酢鱼就是其中一款家常而又味美的发酵食品
产地	张家界市、湘西土家族苗族自治州等区域
烹饪应用	腌制好的酸酢鱼可直接从坛中取出食用，也可作各种菜肴的主配料。通常采用煎、炸、炒等烹调方法，苗人、土家人习惯用茶油或菜籽油煎熟食用，煎后的酸酢鱼色泽金黄，酸香浓郁，下饭佳肴

营养价值	富含优质蛋白、不饱和脂肪酸和多种矿物质元素，具有滋补脾胃，开胃生津，促进食欲之功效
选用标准	以肉质红亮、形状完整、酸香味浓、口感咸酸、鲜嫩、无异味者为佳
保管方式	密封保管法、冷藏保管法
上市季节	三月制作最佳

6. 凤凰苗家酸鱼

简介	酸鱼是凤凰苗乡的名菜。所谓“酸鱼”就是将捕捉到的新鲜小鱼，破肚洗净，裹上米粉（米粉中要放少许食盐，调匀）放入坛中腌制而成的。苗家人有稻田养鱼的好传统，每年清明后层层梯田都注满了水，放养了鱼，到秋收八月，稻谷熟了，鱼儿也肥了。于是主人就把田水放干捉鱼，除了拿部分到墟场上卖，大多数都洗净破肚、取出内脏，在盐、辣子粉末、五色大料为主料制成的料汤中浸泡两至三天，再用糯米粉或苞谷粉撒在上面，一层粉一层鱼，放入窖坛盖好，再把坛口水盘注满水，十五天左右即成

产地	湘西土家族苗族自治州
烹饪应用	可直接食用，也可采用炒、煎、炸等烹调方法成菜，一般加工成条块状，苗族人利用酸鱼坛中的酸汤作为调辅料来煮鱼，味道鲜美无比，风味独特
营养价值	含有蛋白质、脂肪、钙、磷、铁、维生素等营养成分，具有抗衰老、暖胃和中、平肝祛风的功效。营养丰富，增添食欲，帮助消化
选用标准	以肉质红亮、形状完整、酸香味浓、口感咸酸、鲜嫩、无异味者为佳
保管方式	冷藏法、低温保管法
上市季节	秋冬季

课后练习题

一、单选题

1. 东江鱼产于湖南省（　　）。

A. 长沙市　　B. 株洲市　　C. 益阳市　　D. 郴州市

2. 获得“湖南十大农业区域公用品牌”的是（　　）。

A. 华南湍蛙　B. 张家界大鲵　C. 茅市黄皮草鱼　D. 大通湖大闸蟹

3. 汉寿甲鱼具有体薄片大，裙边宽而厚，腹内脂肪呈（　　）的特点。

A. 乳白色　B. 蛋黄色　C. 淡黄色　D. 墨绿色

4. 水车鱼冻是将稻花鱼，去鳞去内脏洗净切块，加入山泉水入锅烧开，把鱼块放入锅内，加入姜丝、新化特有的（　　）在低温之下，形成鱼冻。

A. 紫苏叶　B. 荷叶　C. 鱼香叶　D. 竹叶

5. 武潭鱼产于湖南省（　　）。

A. 益阳资阳区　B. 益阳南县　C. 益阳桃江县　D. 益阳安化县

二、判断题

1. 银鱼又称冰鱼、面条鱼。是一种小型鱼类，身体细长、半透明，裸露无鳞，是一种生长在海水里而在淡水中产卵（每年三四月份）的洄游性鱼类。（　　）

2. 五强溪鱼是指生长在五强溪的翘嘴红鲌、鳙鱼、青鱼等，是炎陵县的特产。（　　）

3. 临澧黄花鱼，体态匀称，头小肉多，色泽黄艳，背鳍浅灰色，臀鳍淡黄色，尾鳍橘黄色，具有肉质细嫩、清香味美、营养丰富的品质特征。（　　）

4. 桃江沙鳖又称甲鱼或团鱼，是一种卵生两栖爬行动物。（　　）

5. 桃花虫是一种黑足小水虫，是张家界市的特色美食。（　　）

三、思考题

1. 娃娃鱼的特色及营养价值分别是什么？

2. 茅市黄皮草鱼在烹饪中的应用有哪些？

3. 沅江刁子鱼的特色及营养价值分别是什么？

4. 火焙鱼的制作方法是什么？在烹饪中如何应用？

5. 祁东鱼冻和水车鱼冻各自有何特色？

模块四

湖湘调料、辅料类特色原料

模块导读

来自湖南各地州市的学生对于湖湘特色调料、辅料类原料并不陌生，但对调料、辅料类原料的特色、产地、烹饪应用、营养价值可能了解较少。通过学习本任务，学生对于湖湘特色调料、辅料类原料的特性、选用标准会有所掌握，并能很好的运用到烹饪实践中，另外对于调料、辅料类原料的营养价值、上市季节也会有更深一步的认识。

学习目标

1. 熟悉湖南各地州市调料、辅料类特色原料的特色、产地、营养价值、保管方式和上市季节
2. 具有鉴别各地州市调料、辅料类特色原料选用标准的能力
3. 了解各地州市调料、辅料类特色原料在湘菜烹饪中的应用

学习准备

在日常生活中各位同学都接触了一些常见的调料、辅料类原料，了解他们的大概特点，但对湖湘调料、辅料类特色原料的特色及烹饪应用了解较少。需要通过网络了解湖湘各地州市调料、辅料类特色原料的特色及烹饪应用；各位同学来自不同地方，需对各自地方的调料、辅料类特色原料进行考察学习，相互交流，便于在学习中能够灵活运用。

任务1　调料、辅料类特色原料概述

一、任务驱动

1. 了解湖湘各地州市调料、辅料类特色原料。

2. 熟悉各类调料、辅料类特色原料在烹饪中的应用。

3. 列举10种代表性湖湘调料、辅料类特色原料。

本任务主要是学习湖湘调料、辅料类特色原料的基本知识，通过教师的演示、实物（图片）展示，要求学生能够掌握湖湘调料、辅料类特色原料的分布范围、作用等。

二、知识链接

（一）湖湘特色调料原料概念及作用

湖湘调料、辅料类特色原料包括湖湘特色调料原料和湖湘特色辅料原料。

湖湘特色调料原料又称调味品，是指在湘菜、湘点的制作过程中用量较少，能提供和改善菜点口感的一类原料。按味别不同分单一调味料和复合调味料。单一调味料又分咸味调料、甜味调料、酸味调料、鲜味调料、香辛调料五大类。复合调味料是指用两种及以上的单一调味料或复合调味料经加工再制成的调味料。

湖南所产特色调料品种较多，如湘潭龙牌酱油有着270多年的历史，长沙浏阳豆豉有着120多年的历史。还有比较著名的寒菌油、玉和醋、茶油、山胡椒油等产品，都具有各自的特色。

（二）湖湘特色辅料原料概念及作用

湖湘特色辅料原料又称湖湘菜肴特色配料，起到衬托和点缀主料的作用。辅料数量不宜过多，以免喧宾夺主。一般突出主料，辅料衬托主料。以主料的味为主，辅料要服从并衬托主料的味，使主料的味更加突出。以辅料的味来弥补主料味的不足。

湖南所产特色辅料分布范围较广，各地州市均有所产。如茶陵的大蒜、生姜贵为“茶陵三宝”；隆回的红皮大蒜、虎爪生姜又各有特色；衡阳的常宁无渣生姜、江永香姜、零陵红衣葱、永州薄荷、永丰辣酱等在当地都是颇具特色的特色辅料。

任务2　调料、辅料类特色原料的特点及烹饪应用

一、任务驱动

1. 湖湘调料、辅料类特色原料各自有何特点？
2. 如何鉴别各地州市调料、辅料类特色原料？
3. 不同调料、辅料类特色原料在烹饪中如何运用？

二、知识链接

本任务主要是学习湖南各地州市调料、辅料类原料的特色及产地，通过教师的讲授、实物（图片）展示，要求学生能够掌握调料、辅料类特色原料的特点及鉴别标准，熟悉调料、辅料类特色原料在烹饪中的运用。

1. 茶陵紫皮大蒜

简介	茶陵紫皮大蒜因皮紫肉白而得名，是湖南省株洲市茶陵县特色品种，与生姜、白芷同誉为茶陵“三宝”。茶陵县土壤具有红黄壤特性，种植出来的紫皮大蒜的蛋白质、大蒜素、挥发性油等含量高于其他大蒜，具有个大瓣壮、皮紫肉白、包裹紧实、香辣浓郁、含大蒜素高等优点，有着“一蒜入锅百菜辛，一家炒蒜百家香”美誉
产地	茶陵潞水镇，名特产“龙溪蒜”出产此地

烹饪应用	湘菜中有生姜熟蒜说法，一般需要加热，激发出蒜香味，适用于炒、爆、烧、炸等烹调方法，还可以腌渍成醋蒜、糖蒜、泡蒜等		
营养价值	含有少量磷、铁、镁和维生素C外，还含有杀菌力强的大蒜素，具有杀菌、增强免疫力、促进生长、帮助消化、防癌保健等功效		
选用标准	以外皮干净、带光泽、无损伤或烂瓣者为佳		
保管方式	窖藏法、低温保管法、密封保管法	上市季节	初夏收获上市

2. 茶陵生姜

简介	茶陵生姜是茶陵的“三宝”之一，为姜科多年生宿根草本植物，作一年生蔬菜栽培，其肉质根茎可食用，具有块大芽壮、气香味醇等特点，茶陵种姜历史悠久，始于汉前，明代最盛
产地	湖南茶陵县虎踞、平水镇
烹饪应用	作为调味料，适用于炒、拌、泡、酱制等方法，老姜主要用于调味，可除去异味，增加香味。另外，嫩姜还可加工酱菜、生产干姜、红姜、盐姜和姜油，远销到全国各地和东南亚地区，是一种出口创汇的农产品
营养价值	生姜是重要的中药材，也是常用调味料之一。含有挥发性的姜辣素和姜油酮等物质，味道辛辣，具有健胃、发汗、祛风等作用
选用标准	以大小均匀整齐、皮薄而光滑、皮面无锈斑、质嫩、肉质细密、无烂根、无泥土者为佳
保管方式	窖藏法、低温保管法、密封保管法
上市季节	秋季上市

3. 洞溪七姊妹辣椒

简介	洞溪七姊妹辣椒属茄科，是一种生辣椒中的变种，介于长果与簇生椒之间。因七个一簇，朝天生长，形似七个姊妹成团拥抱而得名。慈利县种植辣椒的历史悠久，可以追溯到明朝。据明末《慈利县志》记载：“暇则摘茶采蜜割漆捋椒以图贸易”。到清朝时，慈利人食用辣椒已比较普遍，据清末《清稗类钞》记载：“湘、鄂之人日二餐，喜辛辣品，虽食前方丈，珍错满前，无椒芥不下箸也，汤则多有之”。2011年获“中国（湖南）旅游博览会金奖”
产地	慈利县洞溪乡、南山坪乡、金坪乡、金岩土家族乡、高桥镇、溪口镇
烹饪应用	洞溪七姊妹辣椒可作各种菜肴的调味品与配料，也可以加工成剁辣椒、石磨辣酱、辣椒干、辣椒粉、泡辣椒加工制品等
营养价值	富含维生素C等多种维生素和抗氧化物质，具有增加食欲，促进消化，降脂减肥，增强体力，降低胆固醇等作用
选用标准	以外形细小匀称、颜色大红夺目、色泽红润油亮、果面光滑、辣味厚重持久、内质含量丰富、皮薄籽多、口感辣而纯正者为佳
保管方式	低温冷藏法
上市季节	6月、7月者为佳

4. 寒菌油

简介	寒菌是“乳菇”属中的一种，又名“雁鹅菌”“重阳菌”“铜锣菌”，湘潭人认为扣子大小的寒菌品质最好，因此称之“扣子菌”。寒菌油是将肉质厚实、新鲜嫩小的寒菌，用秋季本土出产的茶籽油加热浸渍寒菌，连油带寒菌密封在瓷坛中，作为调味品食用
产地	怀化、衡阳、郴州、湘潭、湘西土家族苗族自治州
烹饪应用	“菌油”是湖南食用寒菌的一种传统加工方法，古代制作菌油的方法有两种，一是浸渍菌油，二是熬制菌油，在湖南“菌油”不仅可以用作炒菜熟食，还可作凉菜，湖南人喜欢食用菌油面、菌油烧豆腐等
营养价值	寒菌被誉为“菌中上品”，寒菌富含粗蛋白、粗脂肪、粗纤维、多种氨基酸、不饱和脂肪酸，还含有维生素B_1、维生素B_2、维生素C、烟酸等营养素。《中国食用菌百科》记载“寒菌”具有补益肠胃、理气止痛、润肺化痰、主治脾胃虚弱、肺燥咳嗽、小便白浊等功效
选用标准	以色正、无异味、黏稠适中、无异物、无霉花浮膜者为佳
保管方式	密封保管法
上市季节	每年清明节、重阳节时间段上市

5. 澧县双低油菜籽

简介	澧县双低油菜籽是压榨双低菜籽油的主要原料，双低油菜籽是指油菜籽中芥酸含量低，同时菜籽饼中硫苷含量也低的油菜品种，是压榨双低菜籽油的主要原料
产地	湖南省常德市澧县
烹饪应用	重要的食用油脂，色泽棕黄，是制作深色或带色菜肴的调味品，湘菜中多用于黄焖菜肴中制作
营养价值	富含油酸、亚油酸、亚麻酸、生育酚和菜子甾醇等元素，含有大量对心血不利的芥酸和芥子苷，具有润燥杀虫等功效
选用标准	以色泽金黄、无渣滓、异味者为佳
保管方式	常温保存法
上市季节	四季皆有

6. 浏阳豆豉

简介	浏阳豆豉是浏阳县的地方土特产。它以泥豆和小黑豆为原料，经精加工而成。成品豆豉呈黑褐色或酱红色，皮皱肉干，质地柔软，颗粒饱满。加水泡涨后，汁浓味鲜，色、香、味、形俱佳，是烹饪菜肴的调味佳品，在马王堆汉墓出土物中的豆豉姜与浏阳豆豉相似，距今已2000余年。1935年《中国实业志》载："湖南豆豉以浏阳产为最著名"。浏阳曾有"无豉不成店，处处豆豉香"的誉称
产地	产于湖南省浏阳市
烹饪应用	豉香味是湘菜中的重要味型，多用于蒸、炒、烧、拌类菜肴，是制作腊味合蒸、抱盐鱼、豆豉辣椒蒸鱼、豆豉炒辣椒、豆豉蒸排骨等湘菜菜肴的重要调味品，也可单独制成豆豉辣椒酱作为佐餐食品
营养价值	富含蛋白质、脂肪、碳水化合物、粗纤维、钙、铁、磷、核黄素、维生素C和B族维生素。有疏风、解表、清热、除湿、祛烦、解毒的功效
选用标准	以颗粒完整松散、皮皱肉干、质地柔软、色泽棕黑、豉香浓郁、无硬心、无杂质、无异味、无灰尘者为佳
保管方式	干燥保管法、密封保管法
上市季节	四季皆有

7. 玉和醋

简介	玉和醋创始于清顺治年间，为苏帮酱园之首户，系苏派酿造大师董玉和1649年创设于古潭州（今长沙）沿河小西门正街。玉和醋产品以优质糯米为原料。经泡米、洗米、捻米、蒸饭、拌曲等二十几道工序精心酿制，具有浓、香、醇、鲜四大特点。康熙年间，玉和醋曾作为朝廷贡品，为众贵妃美容养颜之饮品。史载：自康熙至1912年，玉和醋曾成为与山西醋、镇江醋齐名全国三大名醋之一，玉和醋传统酿造技艺入选湖南省第二批省级非物质文化遗产保护名录
产地	主产于长沙市
烹饪应用	在烹调中应用广泛，是调制酸辣味、糖醋味等复合味型的重要原料，在原料的初加工中，可以防止果蔬原料发生酶促褐变，在烹饪中有提鲜、增鲜、解腻作用，是湘菜名菜东安子鸡重要的调味品
营养价值	玉和醋中含醋酸、乳酸、葡萄糖酸、琥珀酸、氨基酸、酯类及矿物质和维生素等。《本草纲目》有云：醋能开胃气散水汽，杀邪毒。理诸药，调理五脏，自是妙之所在

选用标准	以色白如玉、酸味芳香醒脑、浓而不浊、酸而不酷、无异味者为佳		
保管方式	低温保管法、密封保管法	上市季节	四季皆有

8. 龙牌酱油

简介	 龙牌酱油拥有270多年的传统酿造史，据《湘潭县志》记载，早在清乾初年（1740年），湘潭就有了制酱作坊。龙牌酱油在1915年举行的巴拿马国际商品赛会上获得金质奖章，1993年被评为“中华老字号”，2012年并列入湘潭市非物质文化遗产保护项目。龙牌酱油以优质黄豆、面粉为原料，采用传统的天然发酵酿造，利用自然温度，按黄豆、面粉、盐水的配制组成酱醅，经过三十多道工序，一年左右的日晒夜露，酱醅的颜色逐渐变成红褐色，并具有浓郁的酱香味。清代著名诗人及书法家何绍基（湖南道县人）在湘潭同僚家中，曾用龙牌酱油拌白米饭，鲜香嗤鼻，一时食欲大开，一连吃了四碗酱油拌饭，完后赞叹不已，留下了“三餐人永寿，一滴味无穷”的千古绝句		
产地	主产于湘潭市		
烹饪应用	龙牌酱油在湘菜的调色调味中都充当着举足轻重的地位，湘菜很多名菜都离不开龙牌酱油，如辣椒炒肉、红烧肉、酱油炒饭、紫油萝卜、紫油姜等，特别是红烧、红煨菜肴如红烧肉、酱汁肘子、酱汁四方肉等		
营养价值	富含多种氨基酸、糖类、有机酸、矿物质及呈香成分		
选用标准	以具有正常酿造酱油的色泽、气味和滋味，色美味鲜、汁浓液香、咸中带甜、久贮无浑浊、无沉淀、无霉花者为佳		
保管方式	密封保管法	上市季节	四季皆有

9. 常宁茶油

简介	常宁茶油，又名山茶油、山茶籽油，是从山茶科山茶属植物的普通油茶成熟种子中提取的纯天然高级食用植物油，具有油色橙黄通透、浓郁的茶籽气味和滋味、口感爽滑的特点，是湖南省衡阳市常宁市的特产。常宁油茶种植历史悠久，2014年，常宁油茶被认定为国家地理标志保护产品
产地	主产于衡阳市常宁市

烹饪应用	为优质的烹调用油与凉拌菜用油
营养价值	油茶籽油主要含油酸、亚油酸等不饱和脂肪酸。不含芥酸、胆固醇等对人体有害物质。其脂肪酸含量、比例与橄榄油极为相似，素有“东方橄榄油”的称号，易为人体消化，经常服用，能抑制衰老，预防慢性咽炎和人体高血压、动脉硬化、心血管系统疾病，长期服用，具有清胃润肠、改善便秘的功效
选用标准	以油色橙黄通透，香味浓郁，醇厚，无杂质，无气泡，久置无沉淀者为佳
保管方式	密封保管法
上市季节	四季皆有

10. 耒阳油茶

简介	耒阳油茶又称茶子树、茶油树、白花茶等，因其种子可榨油（茶油）供食用，故名。油茶在我国栽培历史悠久，我国取油茶果榨油以供食用，已有2300多年历史。耒阳市油茶面积和年产油量均居全省之首，素有“湖南油海”之称。种子含油30%以上，榨油后热炒食品具有不发黑、清爽可口、不油腻等特点
产地	主产于衡阳耒阳市
烹饪应用	制作成的茶油是湘菜中重要的调味品，具有浓郁的茶油子香味，用于凉拌各种荤、素菜，是制作剁椒蒸鱼头、茶香鸭等重要调味品，也是制作茶油剁辣椒、菌油等风味加工食品的重要原料
营养价值	富含不饱和脂肪酸，易于人体消化吸收，所含的油茶粗皂苷能降低人体血清胆固醇含量，具有治便秘、气滞、癣、癞等功效
选用标准	以种子扁圆形，背面圆形隆起，腹面扁平，表面淡棕色，富含油质者为佳
保管方式	干燥保管法、密封保管法
上市季节	秋冬季节

11. 常宁无渣生姜

简介	常宁的无渣生姜，被誉为姜中珍品，外形肥大、并且嚼之无渣，故得名。常宁无渣生姜栽培历史悠久，已有2100多年。1984年，常宁无渣生姜被列为湖南名优产品，并编入《中国名优土特产词典》。2008年已成功申报“常宁无渣生姜”国家地理标志证明商标，是目前衡阳市两项国家地理标志证明商标之一

产地	衡阳市常宁市		
烹饪应用	生姜的用途非常广泛，适用于炒、拌、泡等方法，主要切成片、块、丝等形状，嫩姜可以作为菜肴，在当地常被制作成酸辣姜和糖醋姜等餐佐产品，老姜主要用于调辅料，可祛除异味、增加香味。菜肴有老姜炒仔鸡、仔姜熘鸡片，可以作为食疗药材，如姜糖汁，用于发散驱寒功效		
营养价值	辛辣成分为一种芳香性挥发油脂中的"姜油酮"。其生理活性成分为姜烯，是治疗盐酸-乙醇性溃疡的有效药物。常宁无渣生姜具有开胃健脾、促进食欲、通宣理肺、治脾散寒的功效		
选用标准	以香脆无渣、美味柔和、姜芽为紫红色、块外形肥大、姜瓣粗壮、肉质脆、姜质细嫩、姜味柔和者为佳		
保管方式	窖藏储藏法	上市季节	秋冬季节

12. 山胡椒油

简介	山鸡椒又名木香子、木姜子、山苍子、青皮树、山苍树、过山香、山胡椒、野胡椒，落叶灌木或小乔木，高8～10米。山胡椒油是指从山鸡椒鲜果中提取得到的天然香精油，呈微黄色，其中含有大量的柠檬醛，所以有非常浓郁的柠檬味
产地	娄底市新化县

烹饪应用	山胡椒油作为湘菜特殊调味品，在当地一般用于凉拌菜及汤菜的制作，其中以新化三合汤为代表，另外还是汤锅毛肚的必备调料		
营养价值	山胡椒油富含丰富的柠檬醛，具有祛风散寒、消肿止痛之效		
选用标准	以油质清亮、呈淡黄色、柠檬味强烈者为佳		
保管方式	常温保藏法	上市季节	四季皆有

13. 永丰辣酱

简介	永丰辣酱以永丰灯笼椒为主要原料，搀拌一定分量的小麦、黄豆、糯米，依传统配方、科学办法晒制而成，至今已有300多年的历史，据说以蔡和森的祖辈经营的蔡广祥店最有名。咸丰年间，清朝大臣曾国藩将永丰辣酱带到京城进贡和款待宾客，受到皇帝的赞誉和大臣的称道，从此，永丰辣酱被列为贡品

产地	湖南省双峰县永丰镇、印塘乡、走马街镇、梓门桥镇等6个乡镇现辖行政区域
烹饪应用	湘菜中重要的调味品，可用于凉拌菜肴，也可直接蘸着吃，热菜烹调中主要起到调色增香作用，鲜香味美，刺激味蕾
营养价值	永丰辣酱作为低脂肪、低糖分、无化学色素、无公害的纯天然制品，不仅口感好、食用方便，而且具有开胃健脾，增进食欲，驱寒祛湿，防治感冒之功效
选用标准	以色泽鲜艳、辣中带甜、甘甜醇厚、芳香可口者为佳
保管方式	冷藏法、密封保藏法
上市季节	夏秋季节

14. 托口生姜

简介	托口生姜有100多年的栽培历史，是湖南洪江市特产，其根茎肥厚，多分枝，姜肉具有芳香及辛辣味，脆嫩化渣等特点，民间有谚云："托口一坛姜，满嘴辣又香"，堪称佐餐开胃之佳品
产地	洪江市托口镇现辖区范围内
烹饪应用	生姜的用途非常广泛，适用于炒、拌、泡等方法，嫩姜可以作为菜肴，在当地常被制作成酸辣姜和糖醋姜等餐佐产品，老姜主要用于调辅料，可祛除异味、增加香味。菜肴有老姜炒仔鸡、仔姜熘鸡片等
营养价值	富含挥发性的姜辣素和姜油酮等物质，生姜皮性辛凉，治皮肤浮肿，行皮水；生姜汁辛温，辛散胃寒力量强，多用于缓解呕吐症状；干姜辛温，温中祛寒，温阳通脉
选用标准	以皮薄而光滑、皮面无锈斑、质嫩、无烂根者为佳
保管方式	窖藏法、低温保藏法、密封保藏法
上市季节	四季皆有，秋季采收者为佳

15. 包谷酸辣子

简介	包谷酸辣子是湘西州特色食材，别具风味。先将包谷打成面，和剁碎的红辣椒拌匀，舂成坨后放到坛子里腌制。吃的时候把腌好的包谷酸辣坨从坛子里取出，用茶油或菜油炒熟即成。还有一种糯米酸辣子，和包谷酸辣子做法一样，将包谷面换成了糯米粉。吃起来酸辣爽口，非常下饭，是湖南一种独具地方特色的食材

产地	主产于湘西自治州
烹饪应用	包谷酸辣子酸辣爽口，在湘菜烹饪中主要用于制作下饭菜，或作为配料，改善菜肴口味。常见菜肴有茶油炒包谷酸、包谷酸辣子炒肥肠、包谷酸炒肉等
营养价值	包谷酸辣子不仅香辣可口还具有健脑益智，保肝，动脉硬化，防癌，延年益寿，美容护肤的食疗效果
选用标准	以色泽金黄，酸辣味香，无异味者为佳
保管方式	窖藏法、低温保藏法、密封保管法	上市季节	四季皆有

16. 邵阳茶油

简介	邵阳县生产茶油有2500多年的悠久历史。采用当地野生优质油茶籽经传统压榨取油工艺而得，是一种纯天然、绿色、健康的食用油。经中国食品工业协会实地考察后，经过专家论证，最终批准命名湖南省邵阳县为“中国茶油之都”。涌现出“茶籽皇”“宝庆桂芳”“日日恋”“蓉峰”等一批精制茶油知名品牌
产地	主产于邵阳市邵阳县
烹饪应用	邵阳茶油具有浓郁的茶油子香味，是制作凉拌、热炒菜肴等的重要调味品
营养价值	婴幼儿及儿童食用可利气、通便、消火、助消化，对促进骨骼等身体发育很有帮助。中、老年人食用可以祛火、养颜、明目、乌发、抑制衰老
选用标准	以油体色泽金黄，品质纯净，澄清透明，气味芳香，口感爽滑者为佳
保管方式	瓷坛贮存法、密封保管法	上市季节	冬季

17. 隆回红皮大蒜

简介	隆回红皮大蒜外皮呈紫红色，故名叫红皮大蒜或紫皮大蒜，又名蒜头，是隆回三辣之一。栽培历史悠久，清末民初就有大面积种植，是隆回县的传统名产。隆回红皮大蒜耐寒力性强，能经得起冻窖，辛香气味浓厚，大蒜辣素高于其他蒜类，宜于生食及调味

产地	邵阳隆回紫阳、山界、北山等地区		
烹饪应用	既可生食也可烹熟后食用，还是重要的调味品。适用于炒、爆、烧、炸等烹调方法，还可腌制成糖蒜、醋蒜、泡蒜等		
营养价值	营养价值高，含有丰富的蛋白质、脂肪、氨基酸、胡萝卜素、维生素、碳水化合物等各种物质，并含有多种烯丙基、丙基和甲基组成的硫醚化合物		
选用标准	以外皮干净有光泽，味甜气香，辛辣味浓，回味无穷者为佳		
保管方式	常温贮存法、窖藏法、低温保管法	上市季节	每年三四月份

18. 武冈辣酱

简介	武冈盛产辣酱，民间历来用以加工成调味佐餐食品。武冈因流入人口多，主产甜酱、辣酱，有瑞丰、宏兴裕、美记庄等10多家生产辣酱。1928年，农民开始加工辣酱，就有了辣油椒酱罐头
产地	主产于邵阳市武冈市

烹饪应用	武冈辣酱既是一种调味品，又是一种风味小吃。可在凉拌爆炒时使用，也可直接蘸着吃，鲜香味美，刺激味蕾		
营养价值	武冈辣酱作为低脂肪、低糖分、无化学色素、无公害的纯天然制品，不仅口感好、食用方便，而且具有开胃健脾，增进食欲，驱寒祛湿，防治感冒之功效		
选用标准	以鲜艳色泽、辣中带甜、甘甜醇厚、芳香可口者为佳		
保管方式	常温贮存法、冷藏法、密封保存法	上市季节	夏秋季节

19. 鱼香叶

简介	鱼香叶是梅山文化覆及的湖南隆回、新化等地烹饪各种鱼类时必添加的香料，被当地人称之为鱼香叶。最典型的是添加鱼香叶煮成的鱼冻，是当地过年时每家必备的一道菜。此外，新鲜时或晾干后都可用作香料，鱼香叶还可以在加工米粉时添加于其中，磨出的米粉风味独特，也常见于湖南隆回、新化等地。仅分布于湖南中西部山林中，不开花不结果，只可采用无性繁殖的方式进行繁殖，且移栽成活率低，较为珍贵

产地	主产于湖南中西部山林中
烹饪应用	鱼香叶在烹饪中主要作香料使用，是当地人烹制鱼类菜肴必添加的香料，也是制作鱼冻的必备香料，如水车鱼冻
营养价值	新鲜或晾干后都可用作香料，具有温中行气、止痛散寒、除冷健胃的作用
选用标准	以色泽碧绿，叶边无损坏，具有鱼香叶独特气味者为佳
保管方式	常温保管法、脱水保管法
上市季节	四季皆有

20. 江永香姜

简介	江永香姜是“江永五香”之一，其外观晶莹如玉，形似手掌，姜上有节，嫩芽和茎节部鳞片呈紫红色，有如玲珑雕塑，娇艳可爱，一般每株重750～2000克。叶片像竹叶，根少而较粗。素有“所城萝卜福洞姜，一家炒菜全村香”的美誉。是湖南省永州市江永县特产，2008年成为全国农产品地理标志
产地	主产于永州市江永上江圩镇、夏层铺镇
烹饪应用	生姜的用途非常广泛，适用于炒、拌、泡等方法，嫩姜可以作为菜肴，在当地常被制作成酸辣姜和糖醋姜等佐餐产品，老姜主要用于调辅料，可祛除异味、增加香味。菜肴有老姜炒仔鸡、仔姜熘鸡片，还可以作为食疗药材，如姜糖汁，用于发散驱寒功效
营养价值	富含姜油酚、姜油酮、铁盐、维生素B_1和维生素B_2等多种人体必需微量元素，有强大的去腥除油力，具有开胃、发汗、祛痰、驱寒、解毒杀菌等功效
选用标准	以形如手掌，外观晶莹，食之脆嫩香辣，无筋无渣者为佳
保管方式	常温贮存法、冷藏法
上市季节	夏秋季

21. 隆回虎爪生姜

简介	隆回虎爪生姜因其块茎呈虎爪形而得名，是隆回三辣之一。栽培历史悠久，品质优良。它肉质细密，辛辣味强，香味清纯，含水量适中，耐贮运。特别是它的辛辣、芳香，博得广大食用者的喜爱。有句流传在民间的俗语对隆回“三辣”和萝卜进行了生动写照：“姜辣口，蒜辣心，辣椒辣黄心，萝卜辣背筋。”

产地	主产于邵阳隆回山界回族乡、北山镇、桃洪镇、金石桥镇等乡镇
烹饪应用	生姜的用途非常广泛，在食品加工和烹饪中具有重要的作用，隆回虎爪生姜在当地常被制作成酸辣姜和糖醋姜等佐餐产品；在烹饪中既可以作调料也可作辅料，代表菜品有老姜炒仔鸡、热姜汁藕片及炒姜丝等
营养价值	虎爪生姜是一种重要的中药材，味辛、性微温、偏于解表，有解表止咳、温中止呕、驱气散寒、解毒、发汗温胃、胀满泄泻等功效
选用标准	以根茎肉丰腴肥厚，纤维少，淡黄色，成熟根茎表皮淡黄色，芽带红色，肉质细密，辛辣味强，香味清纯者为佳
保管方式	冷藏法、窖藏法、密封保藏法　　上市季节：秋季

22. 零陵红衣葱

简介	零陵红衣葱，又名洋葱、大葱、玉葱，属百合科。解放后从外地引进，根弦线状，叶圆筒形，浓绿色，表面有腊质，伞形花序，花小，白色。葱头有10层，外衣粉红色，肉白嫩。含蛋白质、维生素等多种营养物质，现已远销中国香港、新加坡、印度尼西亚等地，货源远远满足不了外贸的需要
产地	主产于永州市零陵区阳山观、香花坝、黄阳司等7个乡
烹饪应用	在烹调中既可当主料也可当配料使用，在西餐中也广泛应用，有去腥增味的作用。适用于炒、煎、扒、拌等多种烹调方法
营养价值	含有维生素C、胡萝卜素、磷和硫化丙烯等多种营养物质，具有特殊的辛香辣味，具有增进食欲、杀菌消炎、发汗解表、解毒散凝等功效
选用标准	以外衣粉红色，肉白嫩者为佳
保管方式	常温贮存法　　上市季节：秋季

23. 永州薄荷

简介	永州薄荷也称永叶薄荷，是指分布和栽种于湖南省永州市的薄荷，它是永州市远近驰名的土特产。可以制成香料、饮料或者装饰品，并具有一定医学效用，是一种有特殊经济价值的芳香作物

产地	主产于永州市零陵区
烹饪应用	在烹饪中可用于调味，薄荷叶也可以作为装饰品来装饰菜肴
营养价值	可作中药和饮料，还可制成薄荷油、薄荷脑，是清凉油、祛风油、鼻通等清凉剂。它是辛凉性发汗解热药，可治流行性感冒、头疼、目赤、身热、咽喉、牙床肿痛等病症。外用可治神经痛、皮肤瘙痒、皮疹和湿疹等。平常以薄荷代茶，清心明目
选用标准	以红秆绿叶，茎四方形，四角有细槽，芬香味美者为佳
保管方式	脱水保管法、冷藏法
上市季节	每年6月中旬

24. 永州山苍子油

简介	明朝弘治年间，永州就开始了人工大面积种植山苍子，已经历了近500年的历史。因其独特地理气候优势，永州山苍子粒圆、气味浓厚、富油质、出油率高。所产山苍子油成分适中、香味纯正，广受消费者欢迎，是国家地理标志保护产品
产地	主产于永州市冷水滩区、零陵区、双牌县、东安县、祁阳县、道县、宁远县、新田县、江华县、江永县、蓝山县11个区县现辖行政区域
烹饪应用	在烹饪中主要用于调味，还可以去腥味异味。在当地一般用于凉拌菜的制作及汤菜的制作
营养价值	性味辛，微苦，有香气，无毒，枝、叶均具有芳香味，根皮及叶可供药用，山苍子具有温肾健胃，行气散结的功效，可用于治疗胃痛呕吐及无名肿毒等病症
选用标准	以油质清亮，呈淡黄色，柠檬味强烈者为佳
保管方式	常温贮存法
上市季节	每年七八月份

25. 双牌虎爪姜

简介	双牌虎爪姜因姜形似虎爪，肥圆饱满，因而得名"虎爪姜"。具备肉质脆嫩、无渣多汁、气味芬香等诸多优点，是湖南省永州市双牌县的特产
产地	主产于永州市双牌县江村镇、上梧江、塘底乡所辖的25个行政村

烹饪应用	生姜在烹饪中广泛应用，适用于炒、拌、泡等多种烹调方法，嫩姜可以作为菜肴，在当地常被制作成酸辣仔姜和糖醋姜等佐餐产品，老姜主要用于调辅料，可祛除异味、增加香味。代表菜肴有老姜炒仔鸡、仔姜熘鸡片等		
营养价值	生姜汁辛温，辛散胃寒力量强，多用于缓解呕吐症状；干姜辛温，温中煽动寒，温阳通脉，温脾。烂姜中含有黄樟素，可使肝细胞变性、坏死，诱发肝癌、食道癌等，不宜食用		
选用标准	以薄而光滑、无渣多汁、气味芬香者为佳		
保管方式	常温贮存法	上市季节	夏秋季

26. 永州茶油

简介	永州丘陵区土壤以红壤为主，十分适合油茶的生长，油茶栽培在永州已达2000多年。所产的茶油色泽金黄或浅黄，品质纯净，澄清透明，气味清香，味道纯正
产地	主产于永州市东安县、祁阳县、宁远县

烹饪应用	茶油是湘菜中重要的调味品，具有浓郁的茶油子香味，用于凉拌各种荤、素菜中，是制作剁椒蒸鱼头、茶香鸭等重要调味品，也是制作茶油剁辣椒、菌油等风味加工食品的重要原料		
营养价值	含有丰富的必需脂肪酸，不饱和脂肪酸含量高达90%，维生素E含量高于菜籽油、花生油、豆油、橄榄油一倍，此外还含有山茶苷等特定生理活性物质。具有清热解毒、活血散瘀、止痛的功效		
选用标准	以色泽金黄或浅黄，品质纯净，澄清透明，气味清香者为佳		
保管方式	常温容器贮存法	上市季节	冬季

课后练习题

一、单选题

1. 茶陵紫皮大蒜与白芷和（　　），一起称为“茶陵三宝”。

A. 生姜　　B. 大葱　　C. 竹笋　　D. 香菇

2. 寒菌油是将肉质厚实、新鲜嫩小的寒菌，用（　　）本土出产的茶籽油加热浸渍寒菌，连油带寒菌密封在瓷坛中，作为调味品食用。

A. 春季　　B. 夏季　　C. 秋季　　D. 冬季

3. 浏阳豆豉是（　　）的地方土特产。它以泥豆和小黑豆为原料，经精加工而成。

A. 炎陵县　　B. 浏阳县　　C. 长沙县　　D. 株洲县

4. 玉和醋产品以优质（　　）为原料。经泡米、洗米、捡米、蒸饭、拌曲等二十几道工序精心酿制，具有浓、香、醇、鲜四大特点。

A. 大米　　B. 高粱　　C. 糯米　　D. 小麦

5. 龙牌酱油拥有270多年的传统酿造史，据《湘潭县志》记载，早在清乾初年（1740年），（　　）就有了制酱作坊。

A. 湘潭　　B. 株洲　　C. 常德　　D. 长沙

二、判断题

1. 油茶在我国栽培历史悠久，我国取油茶果榨油以供食用，已有2300多年历史。（　　）
2. 永丰辣酱以永丰灯笼椒为主要原料，掺拌一定分量的小麦、黄豆、糯米，依传统配方、科学办法晒制而成，至今已有200多年的历史。（　　）
3. 托口生姜有100多年的栽培历史，是湖南洪江市特产，其根茎肥厚，多分枝，姜肉具有芳香及辛辣味，脆嫩化渣等特点。（　　）
4. 山胡椒油是指从山鸡椒鲜果中提取得到的天然香精油，呈微黄色，其中含有大量的柠檬醛，所以有非常浓郁的柠檬味。（　　）
5. 洞溪七姊妹辣椒属茄科，是一种生辣椒中的变种，介于长果与簇生椒之间。因七个一簇，朝天生长，形似七个姊妹成团拥抱而得名。（　　）

三、思考题

1. 寒菌油的营养价值有哪些？在烹饪中如何应用？
2. 浏阳豆豉在烹饪中的应用有哪些？
3. 玉和醋的特色及烹饪应用分别是什么？
4. 龙牌酱油的制作方法是什么？在烹饪中如何应用？
5. 常宁的无渣生姜的特色有哪些？在烹饪中如何应用？

附录：湖湘特色食材各地州市归总

序号	地名	特色食材
1	长沙市	1. 东山辣椒 2. 红菜薹 3. 卜豆角 4. 雪里蕻 5. 德字香干 6. 寒菌 7. 北山梅 8. 汤鸭 9. 浏阳湘东黑山羊 10. 罗代黑猪 11. 宁乡花猪 12. 谷塘鲤鱼 13. 黄鸭叫 14. 长沙鳖 15. 寒菌油 16. 浏阳豆豉 17. 玉和醋
2	株洲市	1. 富里茄子 2. 攸县豆腐 3. 攸县香干 4. 炎陵黄桃 5. 茶陵脐橙 6. 炎陵白鹅 7. 攸县麻鸭 8. 茶陵黄牛 9. 醴陵焙肉 10. 攸县晒肉 11. 茶陵紫皮大蒜 12. 茶陵生姜
3	湘潭市	1. 九华山红菜薹 2. 湘潭矮脚白 3. 湘莲 4. 韶山豆皮 5. 花石豆腐 6. 湘潭龙口荸荠 7. 湘黄鸡 8. 湘潭沙子岭猪 9. 湘潭龙牌酱油 10. 韶山火焙鱼
4	益阳市	1. 沅江芦笋 2. 黄枞菌 3. 桃江竹笋 4. 朱砂咸蛋 5. 松花皮蛋 6. 鲊埠牛 7. 武潭鱼 8. 小龙虾 9. 沅江银鱼 10. 大通湖大闸蟹 11. 桃江沙鳖 12. 沅江银鱼
5	衡阳市	1. 衡东三樟黄辣椒 2. 衡山早白薯 3. 金甲岭鸡萝卜 4. 祁东槟榔芋 5. 祁东黄花菜 6. 耒阳坛子菜 7. 耒阳红薯粉条 8. 耒阳盐藠头 9. 茅市拎豆腐 10. 冠市红豆腐 11. 雁鹅菌 12. 纹山珍珠枣 13. 祁东酥脆枣 14. 衡山九龙白糖李 15. 三塘肉鸽 16. 茶市湘黄鸡 17. 菊兴黑山羊 18. 霞流咸蛋 19. 茅市黄皮草鱼 20. 衡阳打鱼丸子 21. 祁东鱼冻 22. 常宁茶油 23. 耒阳油茶 24. 常宁无渣生姜
6	郴州市	1. 马田豆腐 2. 马田腐竹 3. 桂东花豆 4. 汝城香菇 5. 汝城红菇 6. 桂东黄菌 7. 五盖山榨笋 8. 莽山苦笋 9. 资兴杨梅 10. 仙鹿葡萄 11. 永兴冰糖橙 12. 宜章脐橙 13. 宜章蜜柚 14. 临武鸭 15. 永兴四黄鸡 16. 米粉鹅 17. 汝城板鸭 18. 苏仙黑山羊 19. 东江鱼
7	岳阳市	1. 华容芥菜 2. 樟树港辣椒 3. 醋水豆腐 4. 平江香干 5. 张谷英豆腐 6. 皱皮柑 7. 钱粮湖土鸭 8. 倒马崖土鸡蛋 9. 滨湖水牛 10. 草猪 11. 洞庭湖银鱼 12. 汉寿甲鱼 13. 君山金龟 14. 七彩龟 15. 湘北田螺 16. 火焙鱼
8	邵阳市	1. 邵东黄花菜 2. 武冈扎菜 3. 城步番茄 4. 城步香辣椒 5. 隆回辣椒 6. 洞口酱腌菜 7. 浆盐菜 8. 武冈腊咸豆腐 9. 堡口豆腐 10. 佘田桥豆腐 11. 雪峰山枞菌 12. 新宁香菇 13. 邵东流泽玉竹 14. 城步薇菜 15. 宝庆龙牙百合 16. 武冈葛根 17. 崀山脐橙 18. 雪峰蜜橘 19. 隆回腰带柿 20. 武冈铜鹅 21. 黔邵花猪 22. 猪血丸子 23. 熏腊肉 24. 武冈卤菜 25. 太平鱼 26. 隆回红皮大蒜 27. 隆回虎爪生姜 28. 邵阳茶油 29. 武冈辣酱

续表

序号	地名	特色食材
9	常德市	1. 津市藠果 2. 汉寿玉臂藕 3. 糌辣椒 4. 木子腐乳 5. 石门柑橘 6. 临澧杂柑 7. 澧县葡萄 8. 石门土鸡 9. 桃源鸡 10. 常德酱板鸭 11. 桃源黑猪 12. 石门马头山羊 13. 柳叶鲫 14. 汉寿甲鱼 15. 临澧黄花鱼 16. 澧县双低油菜籽
10	永州市	1. 蓝山大白苦瓜 2. 江永香芋 3. 祁阳槟榔芋 4. 石珠坝白苦瓜 5. 瑶家大苋 6. 东安红芽芋 7. 陶岭三味辣椒 8. 江华芙蓉珍珠椒 9. 新塘板栗 10. 新田大豆 11. 九嶷黄豆 12. 江华十八酿 13. 山口铺油豆腐 14. 宁远酿豆腐 15. 石羊醋水豆腐 16. 蓝山辣八豆 17. 魔芋豆腐 18. 天鹅菇 19. 江永香菇 20. 阳明山笋 21. 瑶山冻笋 22. 江永香柚 23. 江华瑶山雪梨 24. 祁阳乌梅 25. 道州红瓜子 26. 道州脐橙 27. 新田花生 28. 蓝山金橘 29. 道州灰鹅 30. 东安芦花鸡 31. 零陵鸭 32. 桃川无骨板鸭 33. 湘南黄牛 34. 舜皇猪 35. 九嶷山兔 36. 湘南竹鼠 37. 紫云腊肉 38. 盘王腊肉 39. 祁阳笔鱼 40. 祁阳红泥鳅 41. 新田土泥鳅 42. 黄阳司竹鱼 43. 江永香姜 44. 零陵红衣葱 45. 永州薄荷 46. 永州山苍子油 47. 双牌虎爪姜 48. 东安油茶 49. 永州茶油 50. 祁阳县油茶
11	怀化市	1. 会同魔芋 2. 雪峰山鱼腥草 3. 麻阳小籽花生 4. 凉伞干豆腐 5. 靖州茯苓 6. 湘珍珠葡萄 7. 靖州杨梅 8. 大崇金秋梨 9. 麻阳柑橘 10. 溆浦鹅 11. 芷江鸭 12. 洪江雪峰乌骨鸡 13. 麻阳白鹅 14. 武陵源岩鸡 15. 新晃黄牛肉 16. 大合坪黑猪 17. 五强溪鱼 18. 托口生姜
12	娄底市	1. 永丰灯笼椒 2. 桥头河萝卜 3. 双江荞头 4. 水车板鸭 5. 安格斯牛 6. 湘中黑牛 7. 湘中醉花猪 8. 水车柴火腊肉 9. 雪花丸子 10. 水车鱼冻 11. 洞溪七姊妹剁辣椒 12. 山胡椒油 13. 永丰辣酱 14. 鱼香口干
13	张家界市	1. 腊血豆腐 2. 桑植盐豆腐干 3. 岩耳 4. 大松菌 5. 张家界猕猴桃 6. 张家界板栗 7. 慈利金香柚 8. 菊花芯柚子 9. 张家界椪柑 10. 武陵源岩鸡 11. 武雪山羊 12. 娃娃鱼 13. 华南湍蛙（石蛙） 14. 酸酢鱼
14	湘西土家族苗族自治州	1. 龙牙百合 2. 罐罐菌 3. 湘西椪柑 4. 金秋梨 5. 湘西黄牛 6. 湘西黑猪 7. 凤凰苗家酸鱼 8. 桃花虫 9. 包谷酸辣子 10. 湘西腊肉 11. 湘西酸肉

参考文献

1. 蒋祖烜. 辣椒湖南［M］. 长沙：湖南师范大学出版社，2003.
2. 朱炳森. 宝庆特色美食［M］. 北京：光明日报出版社，2016.
3. 林立东. 武冈卤菜［M］. 北京：中国电影出版社，2012.
4. 林立东. 武冈铜鹅［M］. 北京：中国电影出版社，2012.
5. 蒋政平. 印象永州［M］. 长沙：湖南人民出版社，2011.
6. 冯祥发. 永州美食［M］. 长沙：湖南文化音像出版社，2013.
7. 东安县政协. 美食东安［M］. 长沙：湖南科学技术出版社，2014.
8. 政协祁阳县委员会. 祁阳美食［M］. 长沙：湖南大学出版社，2014.
9. 陈雁谷. 永州之野［M］. 长沙：湖南美术出版社，1985.
10. 永州年鉴编辑委员会. 永州年鉴2011［M］. 长沙：湖南人民出版社，2011.
11. 永州年鉴编辑委员会. 永州年鉴2012［M］. 长沙：湖南人民出版社，2012.
12. 黄勇，盛金朋. 烹饪原料教程［M］. 北京：中国轻工业出版社，2018. 7.
13. 郑丕留. 中国家畜品种及其生态特征［M］. 北京：农业出版社，1985. 6.
14. 陈吉芳. 湖南省名特优新农品名录［M］. 长沙：湖南科学技术出版社，2000. 9.
15. 彭景. 烹饪营养学［M］. 北京：中国纺织出版社，2008.
16. 阎红. 烹饪原料学［M］. 成都：四川人民出版社，2003.
17. 唐美雯. 烹饪原料加工技术［M］. 北京：高等教育出版社，1995.
18. 周军. 湖南张家界猕猴桃区域品牌建设思考［J］. 现代商业，2008（35）：93-94.
19. 黄群，傅凌韵，郑宝东，等. 不同烹饪方式对传统湘西腊肉挥发性成分的影响［J］. 福建农林大学学报（自然科学版），2017，46（04）：474-480.
20. 肖伟. 洞溪七姊妹辣椒高产栽培技术［J］. 长江蔬菜，2016（12）：73-74.
21. 孙远明，余群力. 食品营养学［M］. 第2版. 北京：中国农业大学出版社，2010.
22. 赵廉. 烹饪原料学［M］. 北京：中国纺织出版社，2008.

湘菜系列教材

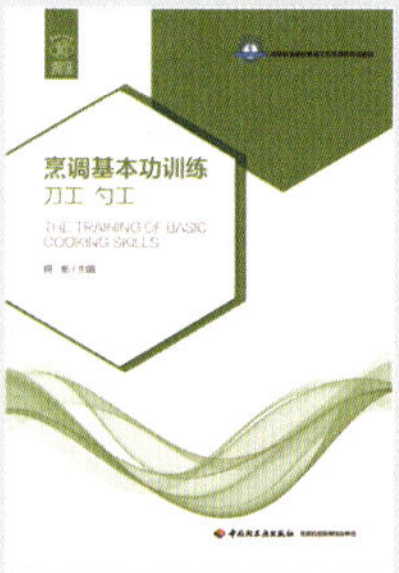

烹调基本功训练（刀工　勺工）
彩色印刷
何　彬　主编
页　数：140页
定　价：49.00元
ISBN：9787518429936

教学资源：

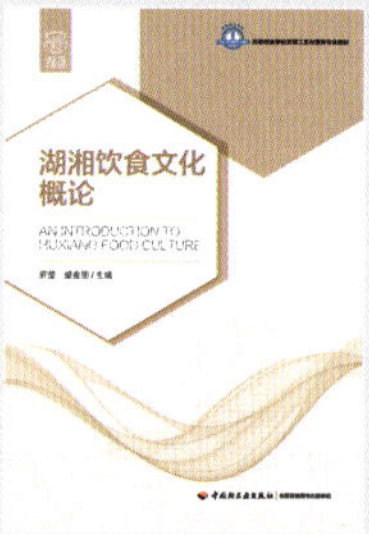

湖湘饮食文化概论
彩色印刷
罗　莹　盛金朋　主编
页　数：220页
定　价：49.00元
ISBN：9787518423149

湖湘特色食材
彩色印刷
盛金朋　肖　冰　主编
页　数：216页
定　价：49.00元
ISBN：9787518425945

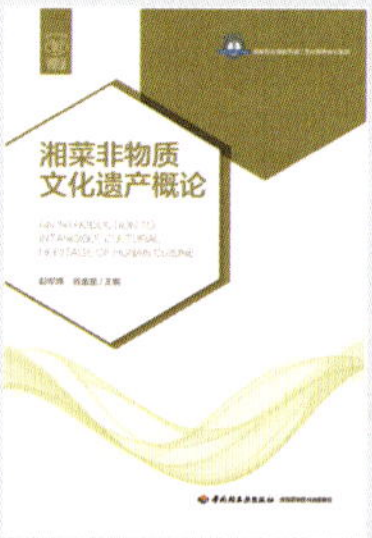

湘菜非物质文化遗产概论
双色印刷
彭军炜　谷金星　主编
页　数：232页
定　价：49.00元
ISBN：9787518431472

湖南味道
双色印刷
盛金朋　彭军炜　主编
页　数：252页
定　价：49.00元
ISBN：9787518426171

湘菜烹调一体化教程
彩色印刷
王　飞　肖　冰　主编
页　数：348页
定　价：88.00元
ISBN：9787518431663

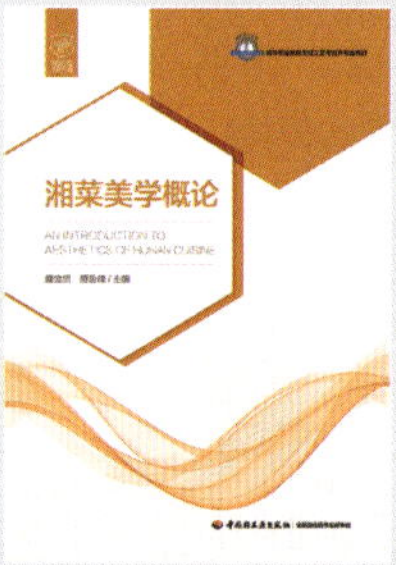

湘菜美学概论
彩色印刷
盛金朋　蔡鲁峰　主编
页　数：160页
定　价：49.00元
ISBN：9787518447138

湘点一体化教程
彩色印刷
王　庆　张　芝　主编
页　数：212页
定　价：68.00元
ISBN：9787518433483

烹饪系列教材

烹饪原料（第三版）
彩色印刷
陈金标　主编
页　数：248页
定　价：56.00元
ISBN：9787518427390

教学资源：

宴会设计与实践
彩色印刷
陈金标　主编
页　数：280页
定　价：56.00元
ISBN：9787518427383

教学资源：

营养配餐与设计（第三版）
双色印刷
王其梅　王　瑞　主编
页　数：292页
定　价：46.00元
ISBN：9787518432073

教学资源：

中式面点制作实训教程（第二版）
活页式教材・彩色印刷
刘居超　于梦晗　王幸幸　主编
页　数：204页
定　价：58.00元
ISBN：9787518435869

教学资源：

烹调工艺学（第五版）
双色印刷
冯玉珠　主编
页　数：380页
定　价：49.00元
ISBN：9787518445813

教学资源：

烹饪营养教程（第二版）
双色印刷
何　宏　编著
页　数：320页
定　价：49.00元
ISBN：9787518449095

教学资源：

中国饮食文化概论（第三版）
双色印刷
金洪霞　赵建民　主编
页　数：272页
定　价：46.00
ISBN：9787518450350

教学资源：

宴席冷拼与食雕
活页式教材・彩色印刷
蒋杭城　王爱明　主编
页　数：152页
定　价：59.00元
ISBN：9787518447626

烹饪系列教材

餐饮食品安全与控制
双色印刷
卜俊芝　严利强　主编
页　数：240页
定　价：49.00元
ISBN：9787518443154

教学资源：

食品雕刻与菜品装饰
彩色印刷
宫润华　程小敏　主编
页　数：276页
定　价：58.00元
ISBN：9787518427475

教学资源：

饮食消费心理
双色印刷
栗书河　吴玉炜　主编
页　数：196页
定　价：39.00元
ISBN：9787518433247

教学资源：

创新菜品设计与制作
彩色印刷
吴　晶　高蓝洋　主编
页　数：140页
定　价：49.00元
ISBN：9787518433162

教学资源：

冷菜与冷拼工艺
彩色印刷
宫润华　程小敏　主编
页　数：288页
定　价：56.00元
ISBN：9787518437948

中国饮食保健学
双色印刷
何　宏　编著
页　数：252页
定　价：49.00页
ISBN：9787518437962

教学资源：

烹饪职业道德与素养
双色印刷
陈治果　吕颜峰　主编
页　数：160页
定　价：33.00元
ISBN：9787518437818

教学资源：

烹饪原料基础知识
彩色印刷
李　铭　陈　恒　主编
页　数：224页
定　价：49.00元
ISBN：9787518438006